U0225223

大 国 匠 造 —— 中 国 红 木 家 具 制 作 图 谱
China Great Craftsmanship: Atlas of China Hongmu Furniture Making

中国红木家具制作图谱③

柜格类

|主 编：李 岩|策 划：纪 亮|

中国林业出版社

图书在版编目（CIP）数据

中国红木家具制作图谱. ③，柜格类 / 李岩主编. -- 北京：中国林业出版社，2017.1
（大国匠造系列）

ISBN 978-7-5038-8814-4

Ⅰ. ①中… Ⅱ. ①李… Ⅲ. ①箱柜–红木科–木家具–制作–中国–图谱 Ⅳ. ① TS664.1-64

中国版本图书馆 CIP 数据核字 (2016) 第 303793 号

◎ 特别鸣谢：中国林产工业协会传统木制品专业委员会
中南林业科技大学中国传统家具研究创新中心

中国林业出版社 · 建筑与家居出版分社

责任编辑：纪　亮
文字编辑：纪　亮 王思源

出版：中国林业出版社
（100009 北京西城区德内大街刘海胡同 7 号）
http://lycb.forestry.gov.cn/
电话：（010）8314 3518
发行：中国林业出版社
印刷：北京利丰雅高长城印刷有限公司
版次：2017 年 3 月第 1 版
印次：2017 年 3 月第 1 次
开本：235mm × 305mm　1/16
印张：16
字数：200 千字
定价：328.00 元（全套 6 册定价：1968.00 元）

前言

中华文化源远流长，在人类文明史上独树一帜，在孕育中华传统文化的同时更孕育出中国独有的家具文化。从中国家具文化史上看，明清是家具发展的高峰期。明代，手工业的艺人较前代有所增多，技艺也非常高超。明代江南地区手工艺较前代大大提高，并且出现了专业的家具设计制造的行业组织。《鲁班经匠家镜》一书是建筑的营造法式和家具制造的经验总结。它的问世，对明代家具的发展和形成起了重大的推动作用。到清代，明式硬木家具在全国很多地方都有生产，最终形成了以北京为核心的京作家具，以苏州为核心的苏作家具，以及以广州为核心的广作家具。明清家具的辉煌奠定了中国家具在世界家具史上的高度。

明清家具的发展史，也是中国红木与硬木家具的发展史。中国的匠人历来讲究的是因才施艺，对匠人的理解也是独特的，匠人乃承艺载道之人也。正所谓："匠人者身怀绝技之人是也，悟道铭于心，施艺凭于手，造物时手随心驰，心从手思，心手相应方可成承艺载道之器，器之表为艺，内则为道，道为器之魂、艺为器之体，缺艺之器难以载道，失道之器无可承艺，故道艺同存一体，不可分也。"

然而，由于种种原因，到了近现代中国传统红木家具的制作技艺并没有随着时代的发展而繁荣，大量的家具技艺成为国家的非遗保护项目，很多的技艺面临失传。党的十八大以来，国家越发重视制造业，重视匠人，并提出"匠人精神"、工匠兴国的发展理念。国家重视匠人，重视传统文化、重视传统家具，然匠人缺失，从业无标准可依托。本套图书及在这种背景下产生，共分为6册，分别为椅几类、柜格类、台案类、沙发类、床榻类、组合和其他类，收录了明清在谱家具和新中式家具6000余款，为了方便读者的学习，内容力求原汁原味的反映出传统家具技艺，并通过实物图、CAD三视图、精雕效果图多角度全方位展示。图书不仅展现了家具的精美外观，更解析了家具的精细结构，用尺寸比例定义中国红木家具的科学和美观。本套图书收录的家具经过编者的细心挑选，在谱的一比一还原复制，新中式比例得当样式精美，每一件家具都有名有款。

本套图书集设计、制作、收藏、鉴赏全流程的红木家具，力求面面俱到，但因内容繁复，难免有误，欢迎广大读者批评指正。

编者

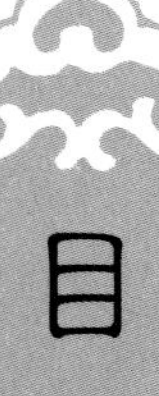

目 録

目 录

电视柜01 6
电视柜02 9
电视柜03 11
电视柜04 13
电视柜05 15
电视柜06 17
电视柜07 19
电视柜08 21
电视柜09 23
电视柜10 25
电视柜11 27
电视柜12 29
电视柜13 31
电视柜14 33
电视柜15 36
四联柜 39
二联柜 42
四圣兽联柜 44
樱木四联柜 46
翘头四联柜 48
方形多宝阁 51
博古多宝格 54
古朴多宝阁 57
博古架 60
山水纹书柜 63
螭龙纹博古架 66
寿字纹博古架 69
菩提多宝阁 72
圆形多宝阁 75
回纹书柜 78
多宝阁01 81
多宝阁02 84
多宝格03 87
福庆纹多宝阁 90
龙凤多宝阁 93
梅花形多宝阁 96
凤庆书柜 99
梅兰竹菊书柜 102
云龙书柜 105
花鸟浮雕书柜 108
梅兰竹菊纹书柜 111
平安书柜 114
浮雕花鸟纹书柜 117
浮雕蝙蝠纹书柜 120
浮雕花鸟纹书柜 123
小条柜 126

竹节书柜 129
书架 01....................132
书架 02....................134
书架 03....................136
花梨茶叶柜 138
龙纹首饰柜 140
花瓶茶叶柜 143
条柜 146
小矮柜 149
松鹤茶叶柜 152
卷草花纹矮柜 155
方正小条柜 158
棂格纹格柜 161
花鸟小柜 164
五抽柜 167
五抽小柜 170
花鸟衣柜 173
顶箱柜 01....................177
顶箱柜 02....................180
孔雀顶箱柜 183
精品多宝阁 186
龙纹顶箱柜 190
花鸟檀雕顶箱柜 193
清明上河图衣柜 196
三国顶箱柜 199
松鹤顶箱柜 202

附：明清宫廷府邸古典家具图录——柜格类
（含部分新古典家具款式）....................205

电 视 柜 01

款式点评：

此电视柜呈平头案样式，柜身两边各有两扇对开柜门，中间有两屉，屉脸雕有花鸟纹样，装有黄铜拉手。柜门雕有花鸟纹样，与柜身之间以黄铜合叶相连，柜门上安有黄铜条面页。屉脸装有黄铜吊牌。整器雕刻精美，美观大方。

透视图

主视图

侧视图

俯视图

大國匠造

精雕图

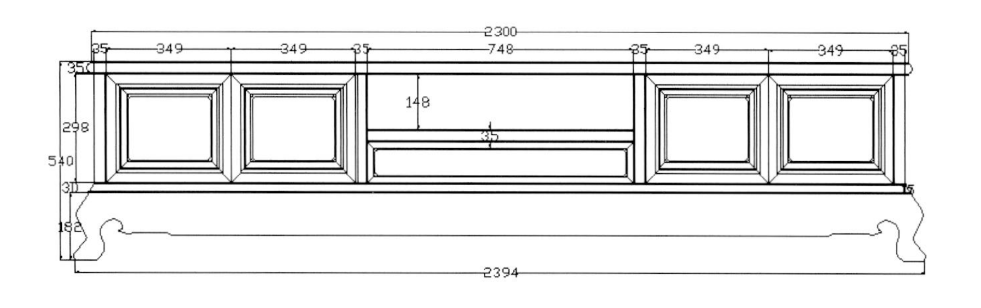
2300
35
349
349
35
748
35
349
349
35
148
298
540
182
2394

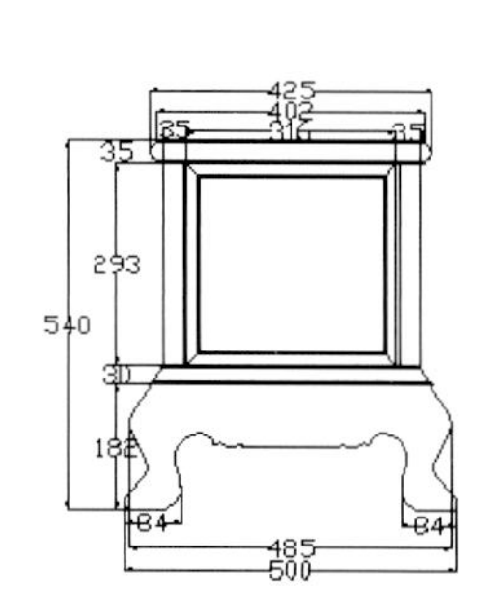
425
402
35
293
540
182
84
485
500

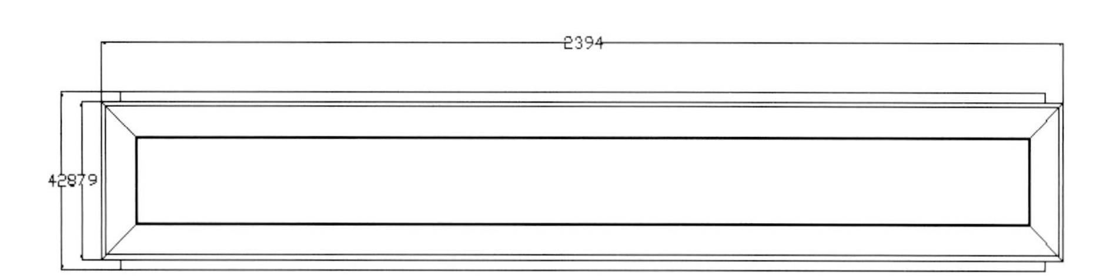
2394

CAD 结构图

电 视 柜 02

透视图

精雕图

款式点评：

此电视柜两端高，中间低，两端为方柜，有两屉，中间有三柜，正中柜面浮雕博古纹。柜门处有圆形立柱。整体方正大气，美观实用。

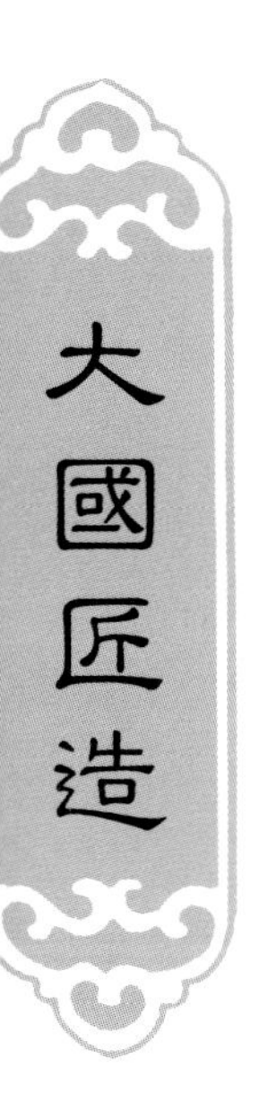

主视图

侧视图

俯视图

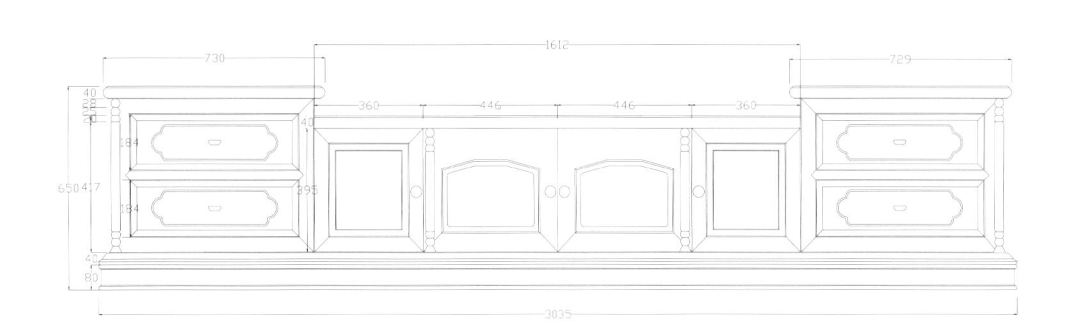

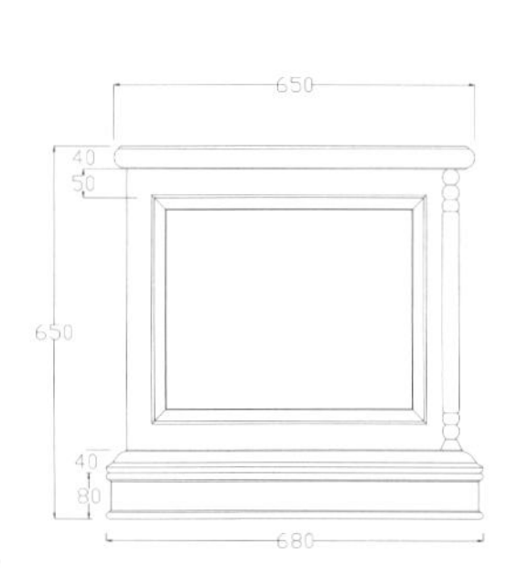

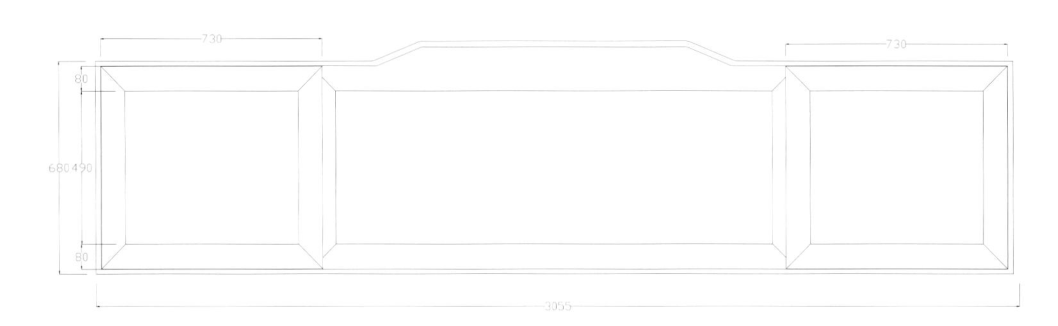

CAD 结构图

电 视 柜 03

透视图

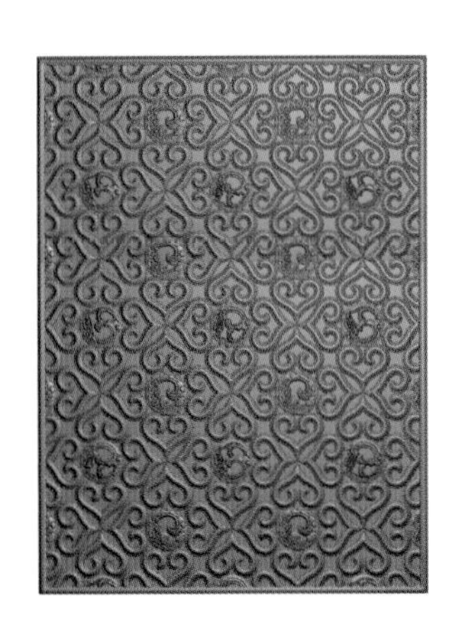

精雕图

款式点评：

此电视柜为组合式，正中为以高柜，柜面浮雕博古纹，两柜门正中镂空雕饰，两侧设两小矮柜，柜帽方正向外喷出，下设小屉，屉面浮雕花纹。整体美观大方。

主视图

侧视图

俯视图

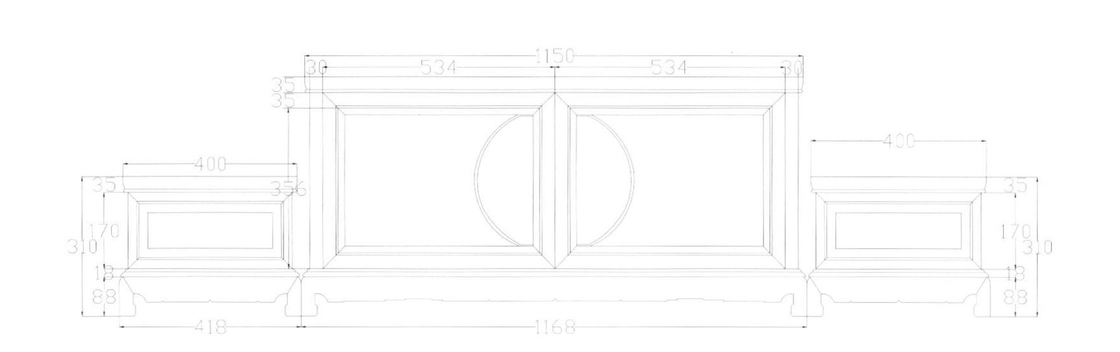

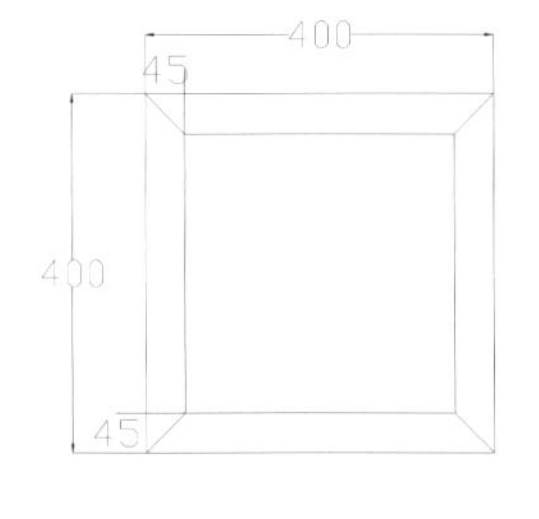

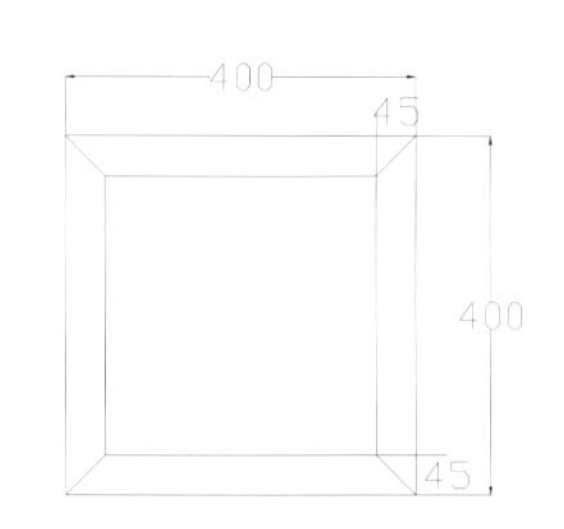

CAD 结构图

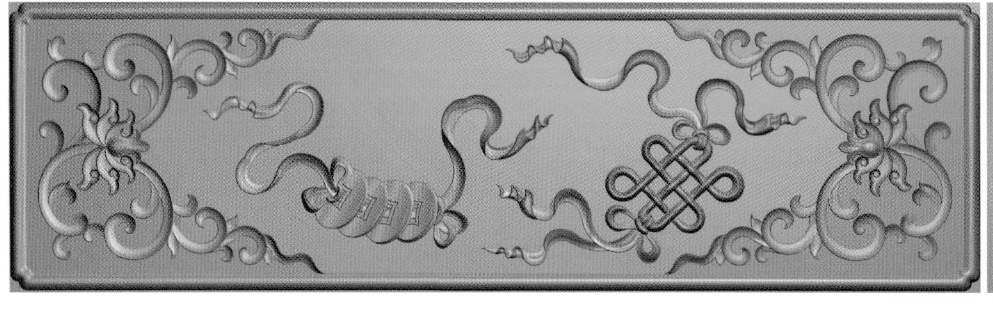

精雕图

电 视 柜 04

透视图

款式点评：

此电视柜呈案面平直，面下设两层屉，柜腿方正短小，整体为紫檀木质，优雅厚重，实用性强。

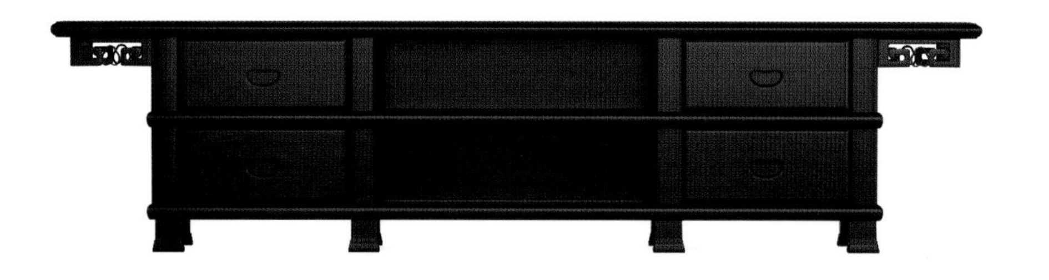

主视图

侧视图

俯视图

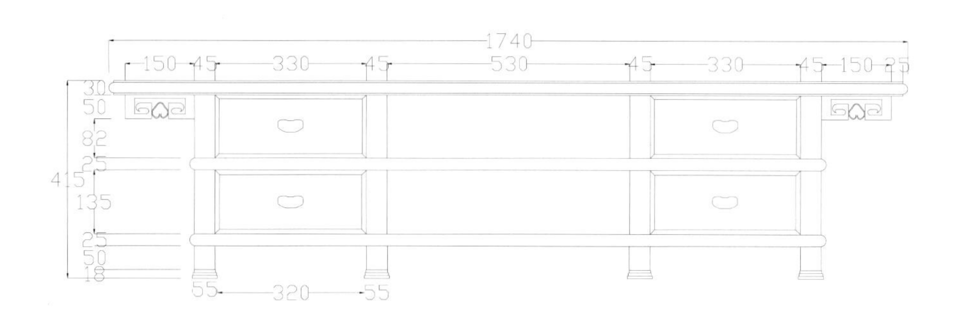

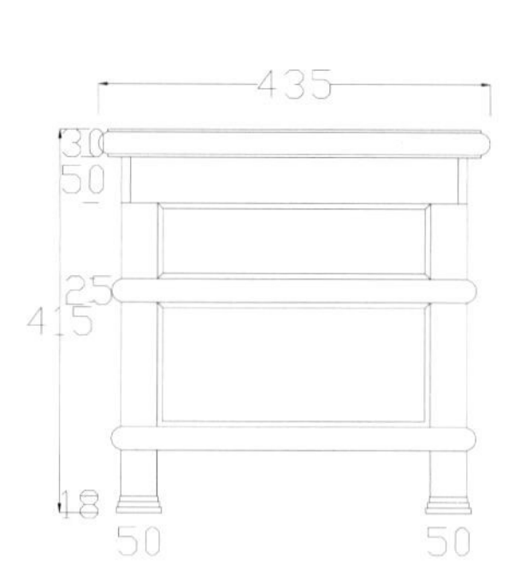

CAD 结构图

电视柜 05

透视图

款式点评：

此电视柜呈案面平直，有四屉，屉面浮雕花纹，腿做回纹造型，腿间有牙板，牙板浮雕西番莲纹与回纹。

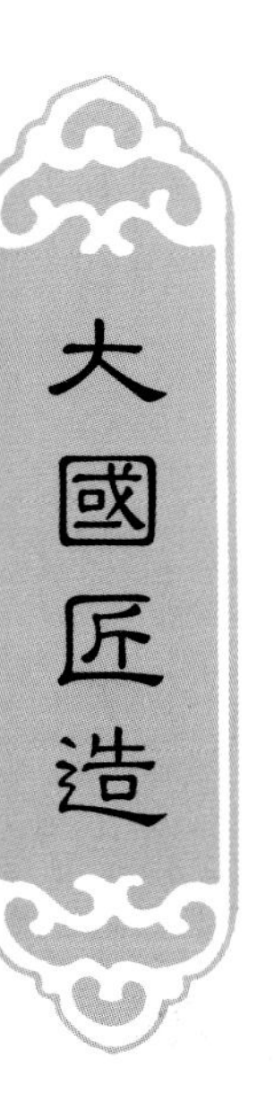

主视图

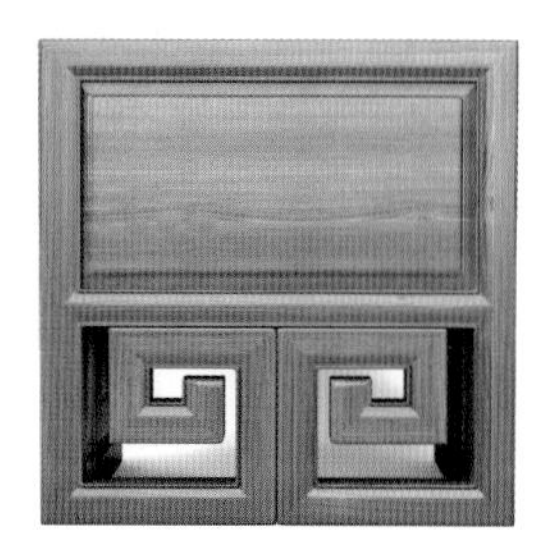

侧视图

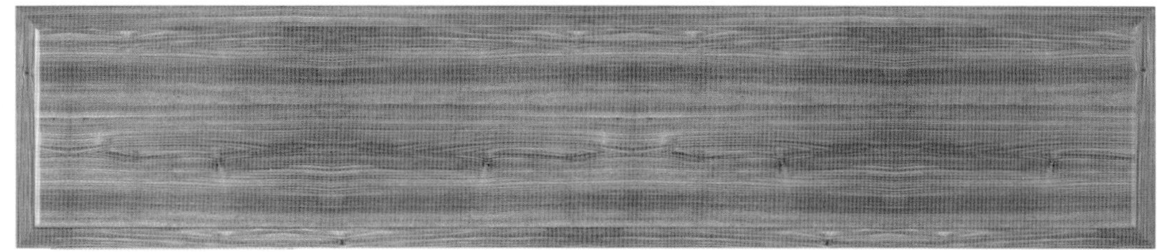

俯视图

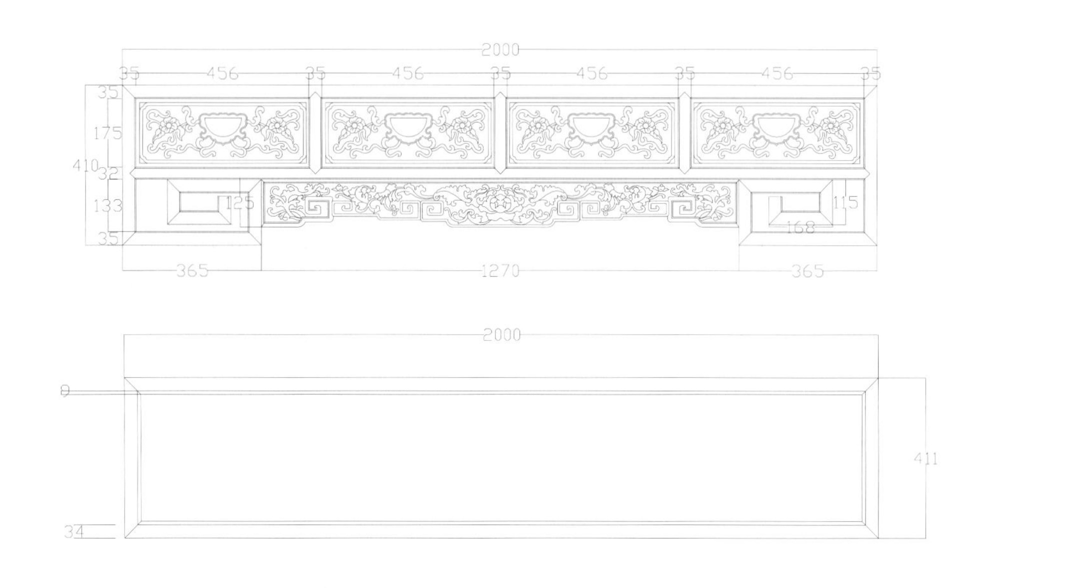

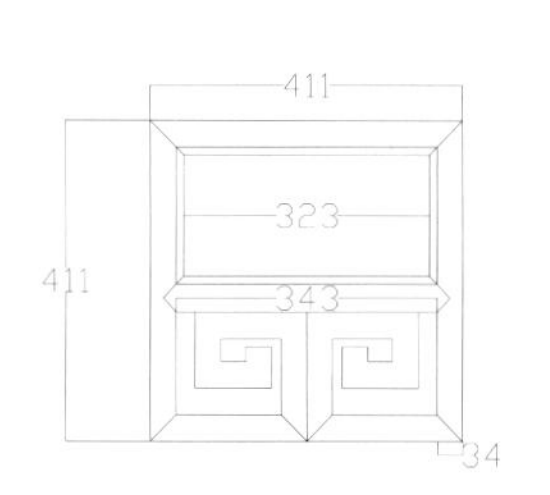

CAD 结构图

精雕图

电 视 柜 06

透视图

款式点评：

此电视柜整体高大，上层有窗格形装饰，中部左边为多宝格，右面有空阁，中部透空，下有一排屉，屉面光素无雕饰。整体大气美观，实用性强。

主视图

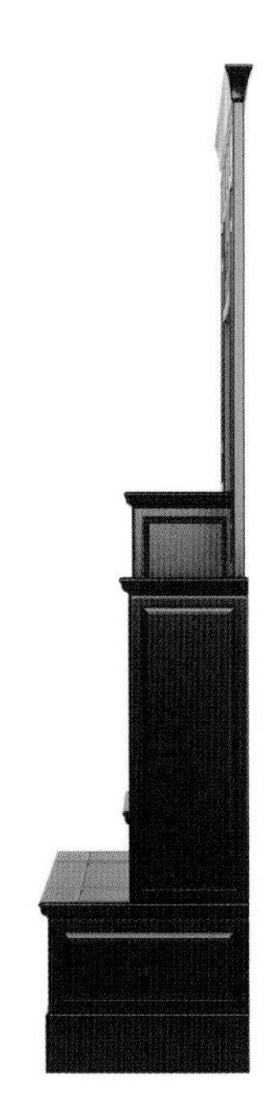

侧视图

俯视图

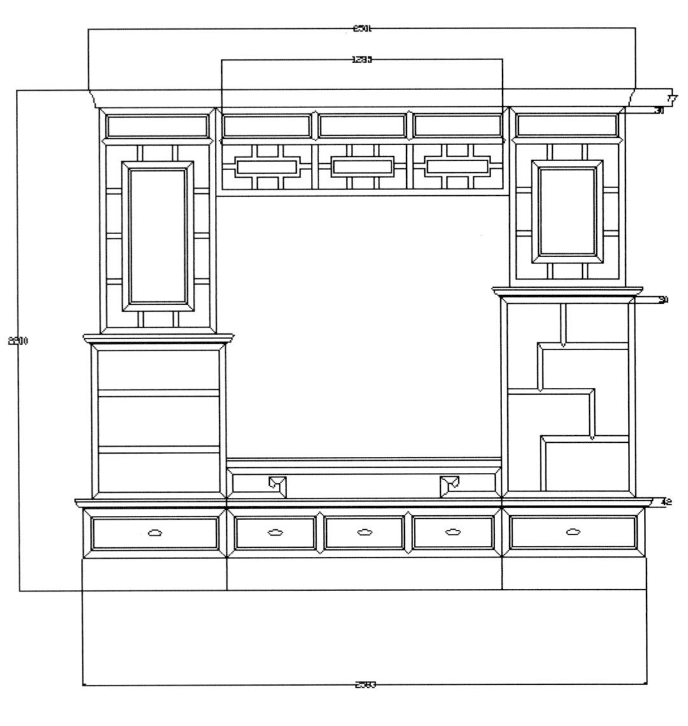

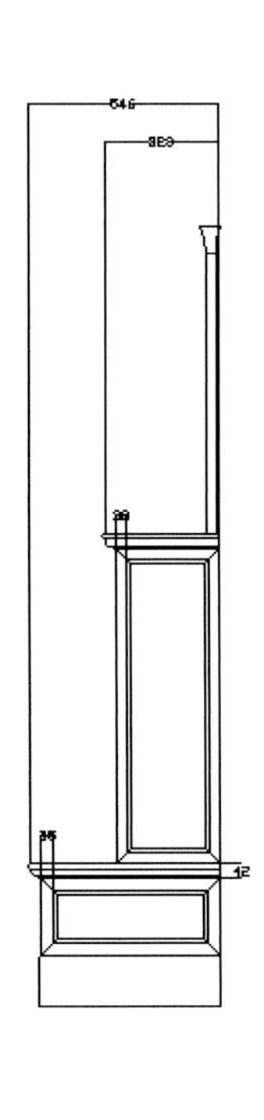

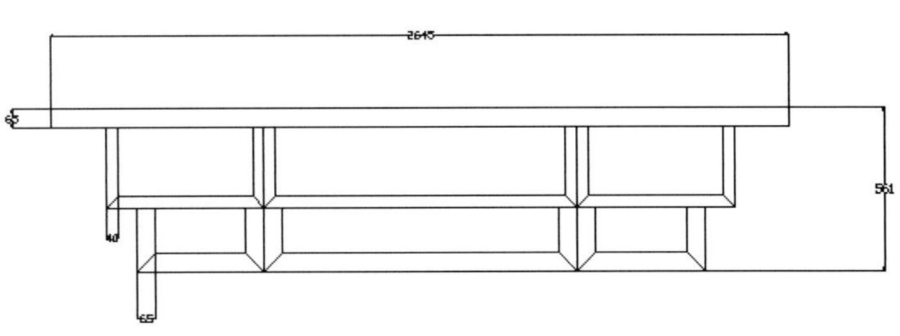

CAD 结构图

电 视 柜 07

透视图

款式点评：

此电视柜呈翘头案样式，案面和柜身之间有角花相连，内翻马蹄柜腿，腿间有彭牙，牙板无雕刻。柜身两边各有两扇镂空对开柜门，中间是屉和空档。柜门与柜身之间以黄铜合叶相连，柜门上安有黄铜条面页。屉脸装有黄铜吊牌。整器无雕刻，光素大方。

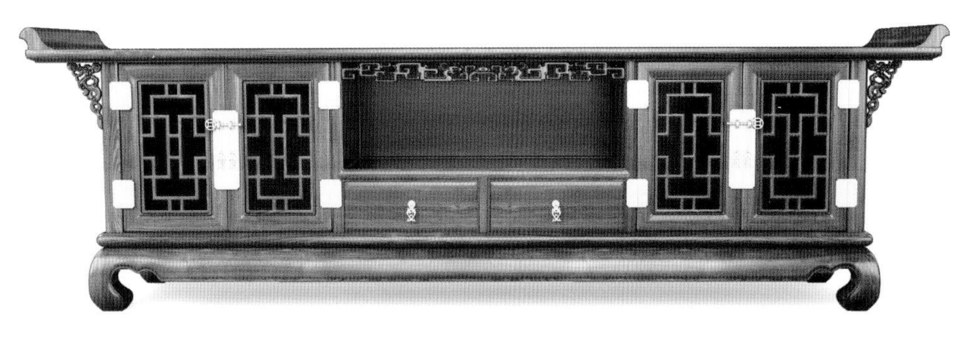

主视图

侧视图

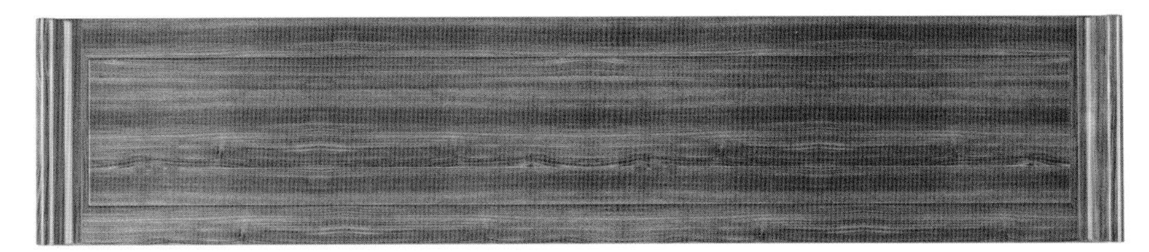

俯视图

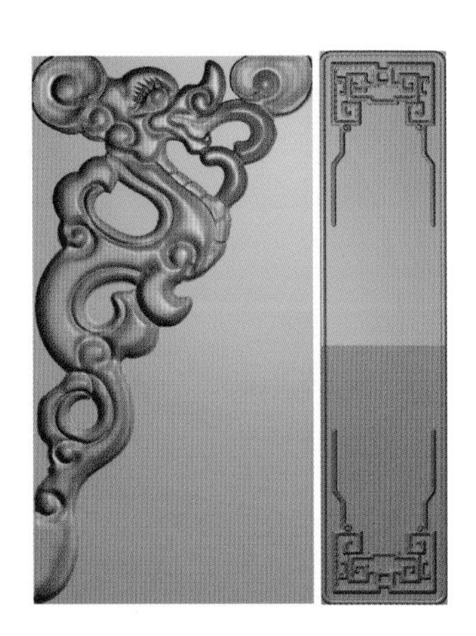

精雕图

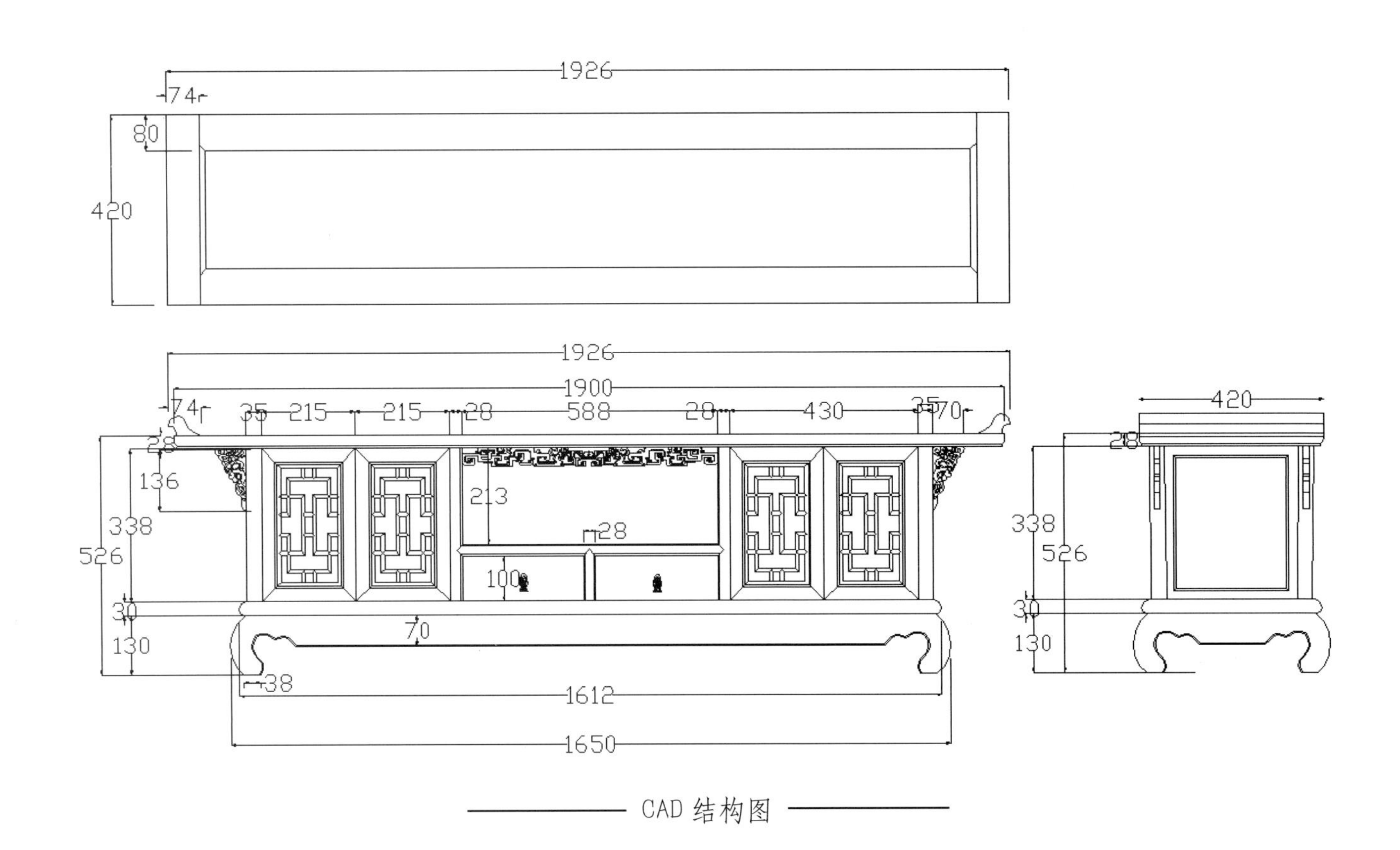

CAD 结构图

电　视　柜 08

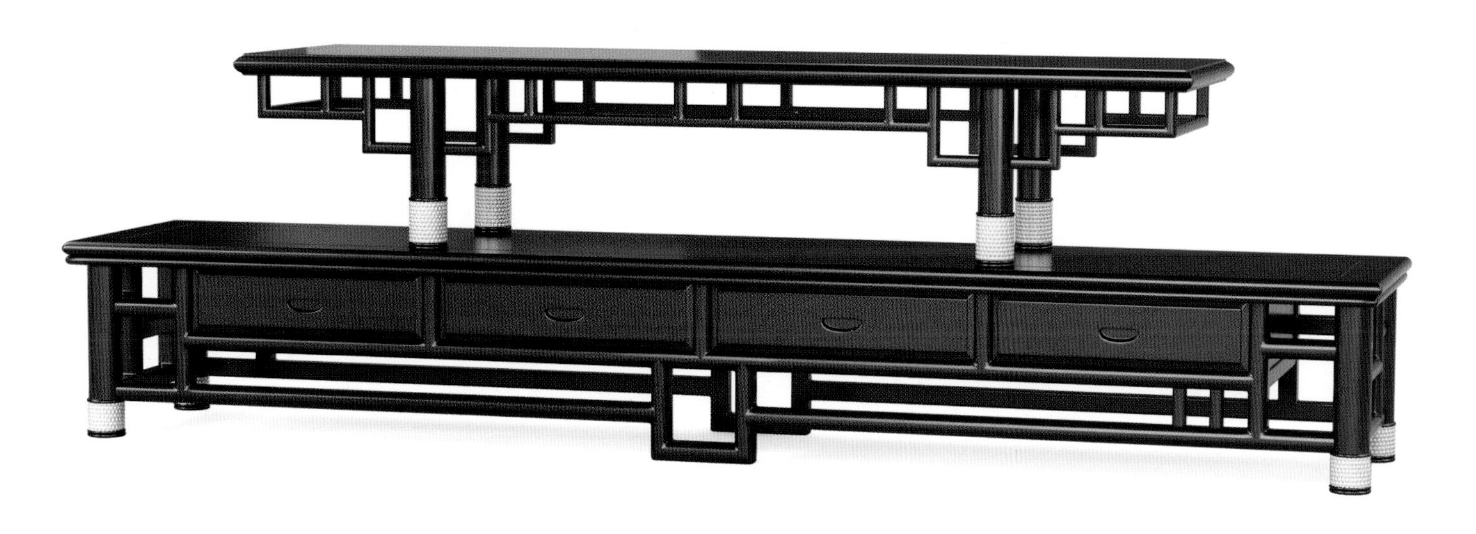

透视图

款式点评：

此电视柜的上方是一个平头案，案面和案脚之间有双矮佬加横枨相连，案脚处黄铜包脚。柜身有屉，屉光素无雕饰。柜腿有铜包脚，腿间有横枨，正中方形，整体简洁明快，素雅美观。

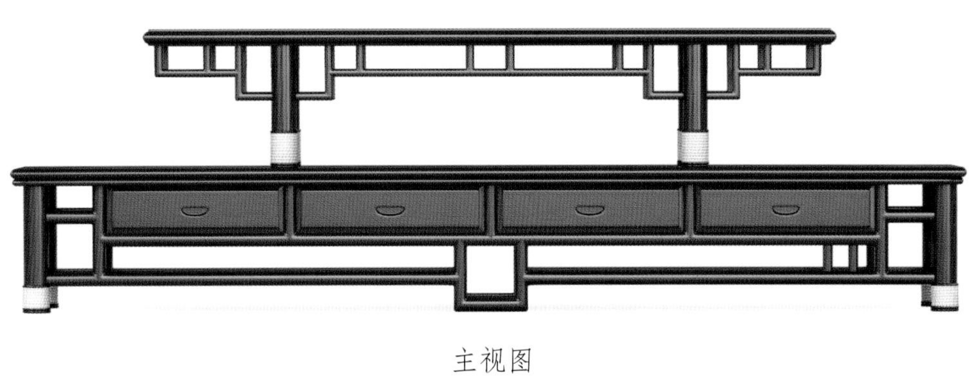

主视图

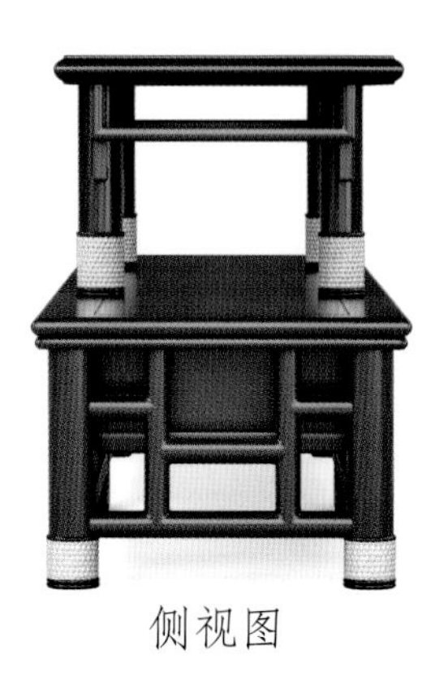

侧视图

俯视图

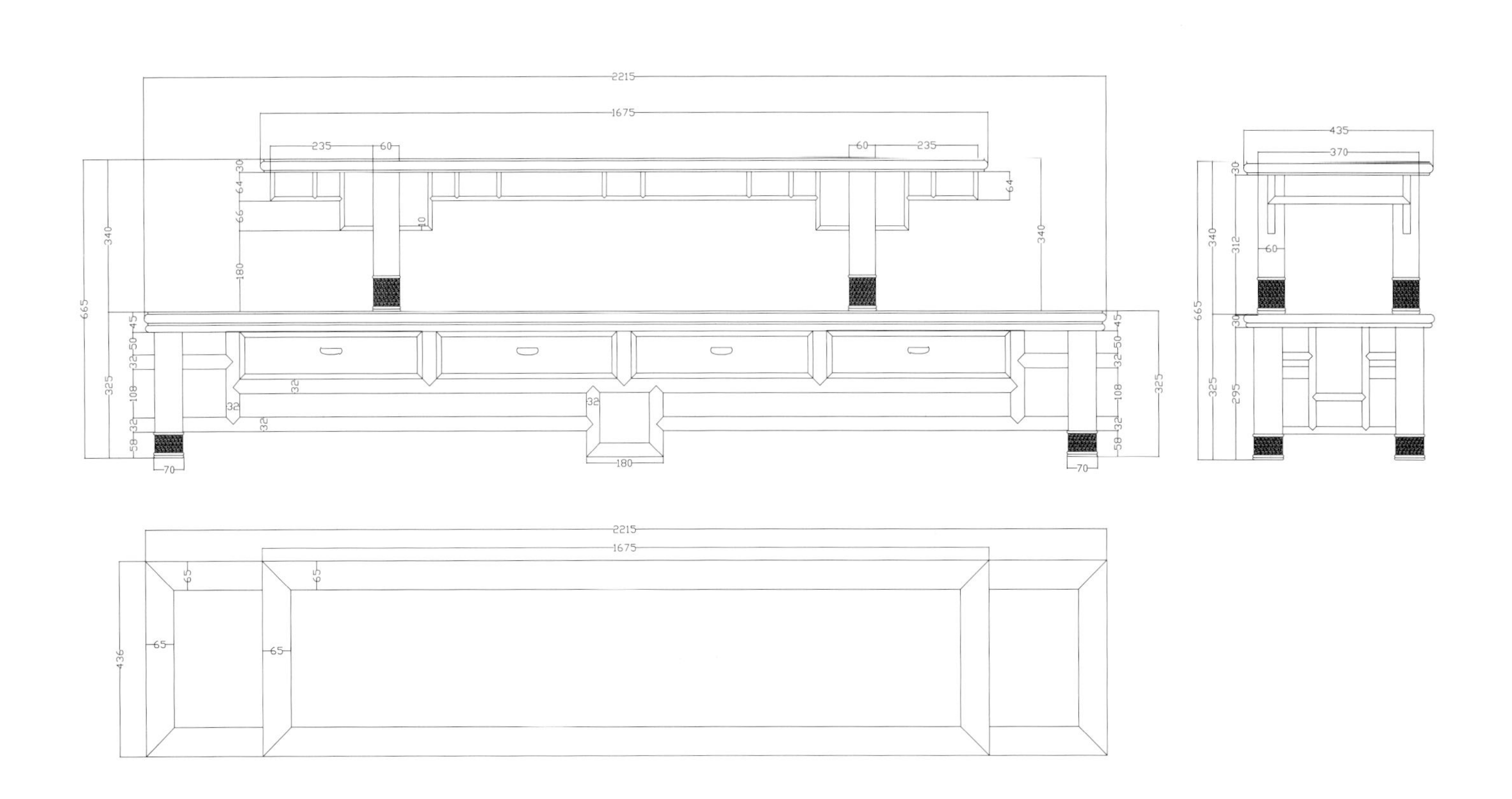

CAD 结构图

电　视　柜 09

透视图

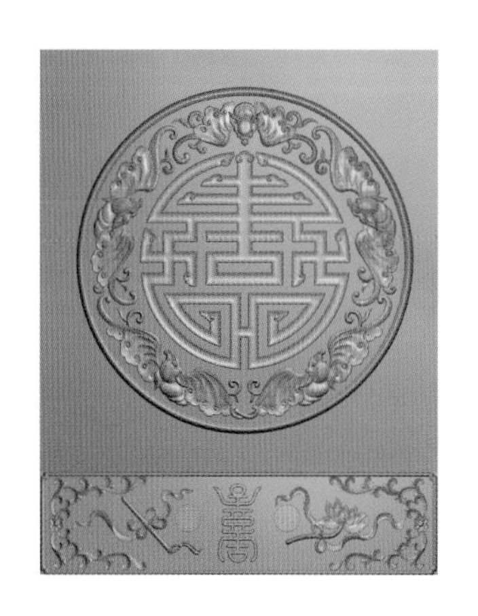

精雕图

款式点评：

此电视柜呈平头案样式，案面和柜身之间有牙板相连，柜面下有两屉，两柜，柜面浮雕五福捧寿纹。两腿向外撇，腿间有牙条，牙条浮雕卷线纹，整体古朴大方，美观实用。

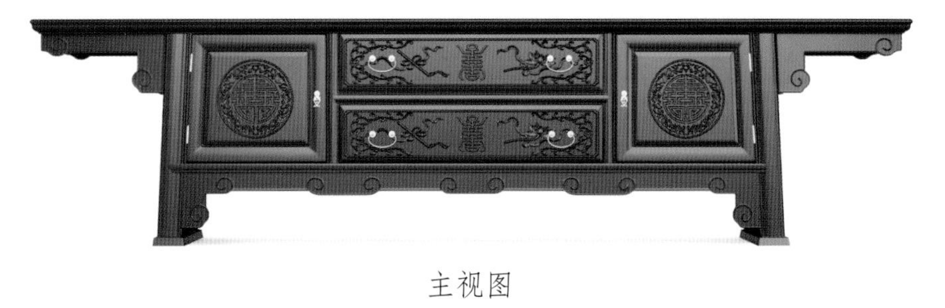

主视图

侧视图

俯视图

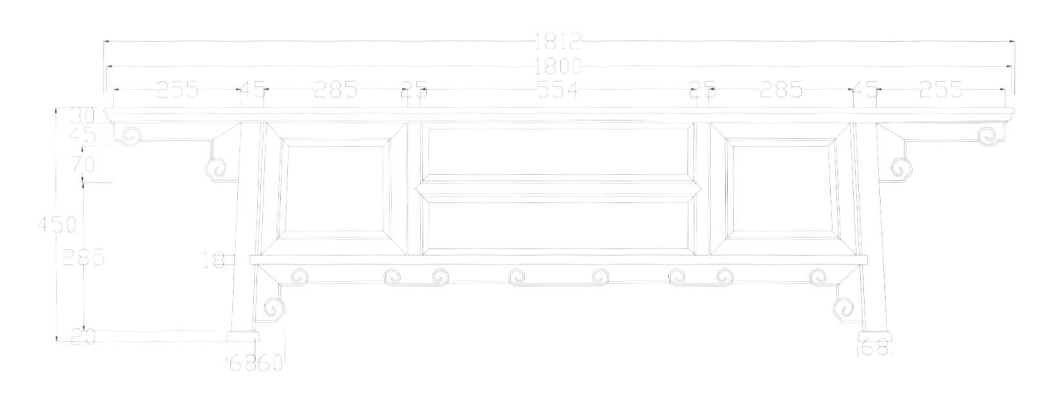

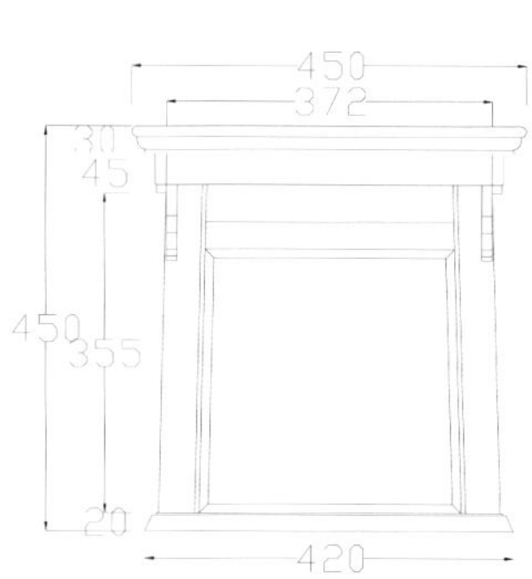

CAD 结构图

电 视 柜 10

透视图

款式点评：

此电视柜框架为竹节形状，两侧高，中间低，两侧上部，设小屉，屉面浮雕纹式，下有柜，柜面浮雕梅兰竹菊四君子纹饰。中间上下两层屉，上层做空处理，下层有三小屉，屉面浮雕花纹。整体雕饰精美，显着贵气十足。

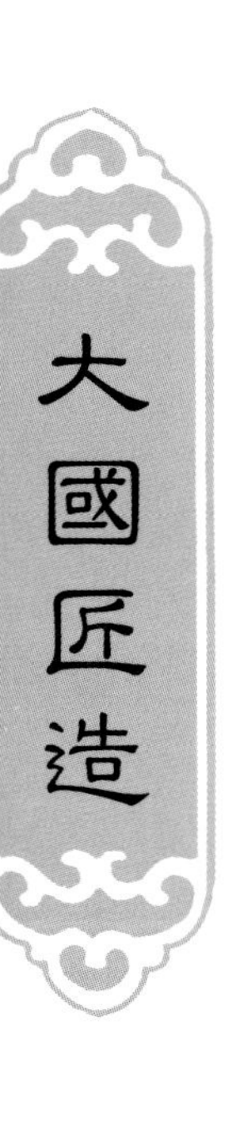

主视图

侧视图

俯视图

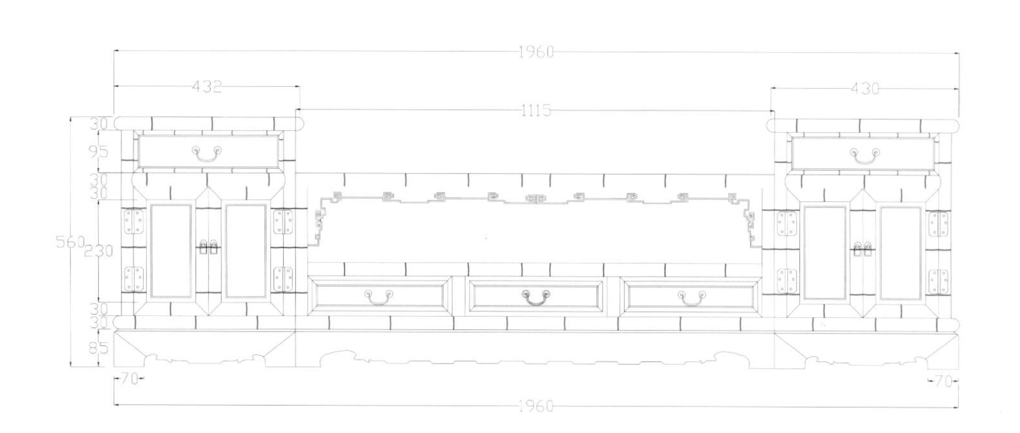

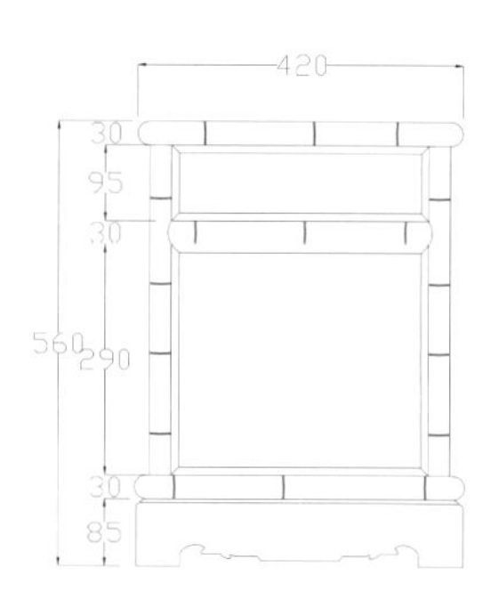

CAD 结构图

电 视 柜 11

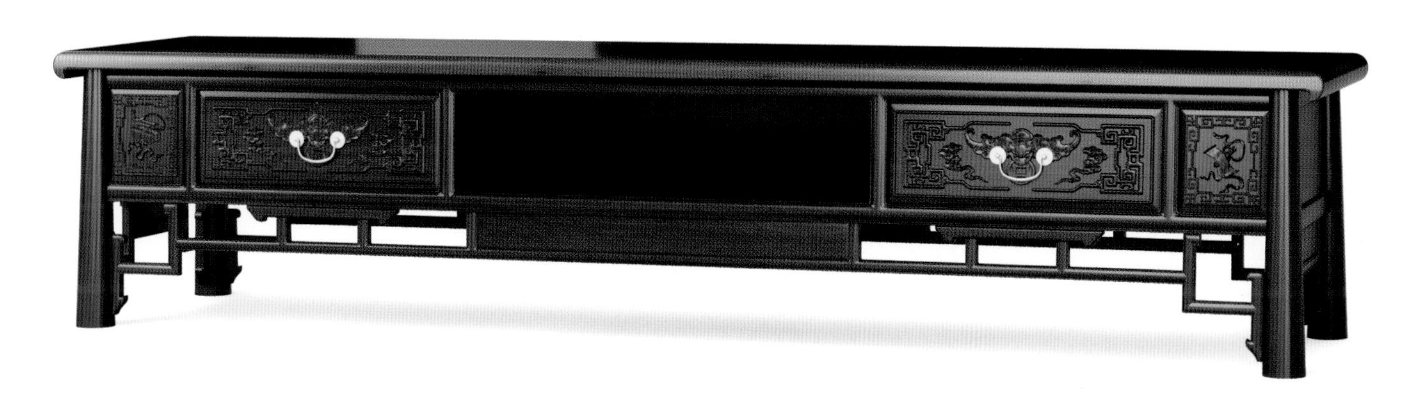

透视图

款式点评：

此电视柜呈案面平直，面下设屉，柜脚外倾，腿上窄下宽。屉面浮雕回纹与蝠纹。中间屉不设屉面，屉下有横枨与矮老相连。整器高贵大方，优雅厚重。

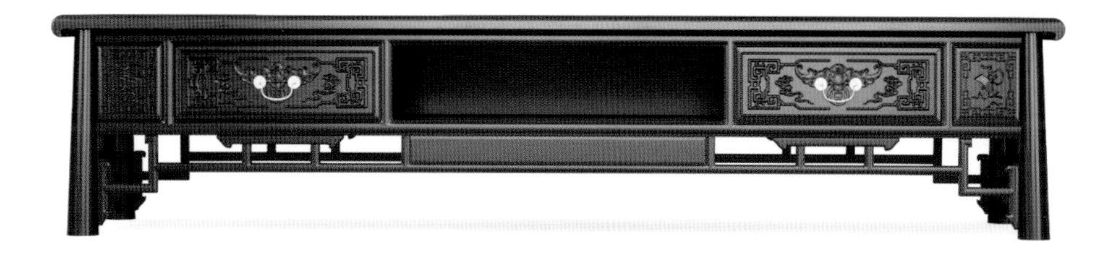

主视图

侧视图

俯视图

CAD 结构图

电 视 柜 12

透视图

款式点评：

此电视柜造型独特，整体两侧高，中间低。两侧上端有屉，屉面浮雕螭龙纹，边角框架做回纹卷曲。中间牙板浮雕双龙戏珠纹。两侧底座处有回纹围栏，底座下有束腰，束腰浮雕卷云纹。整体空灵通透，瑞气十足。

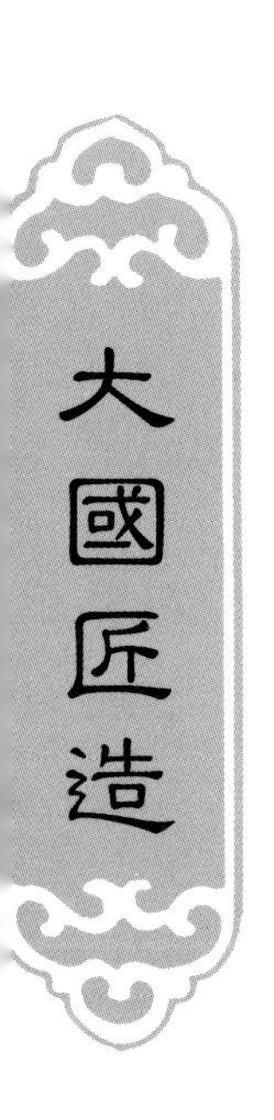

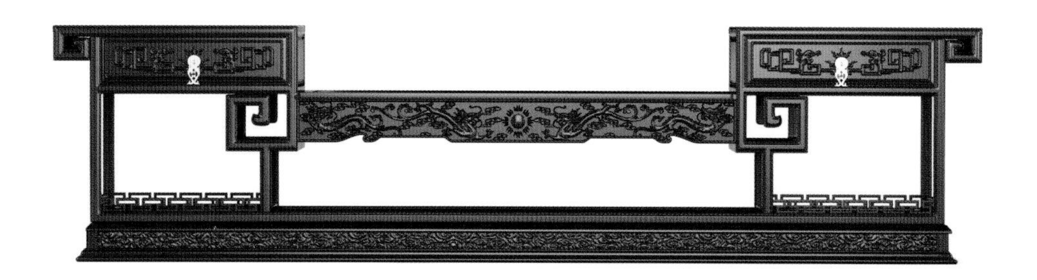

主视图

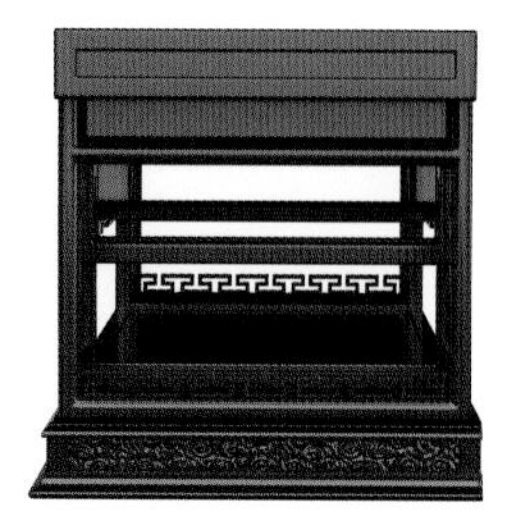

侧视图

俯视图

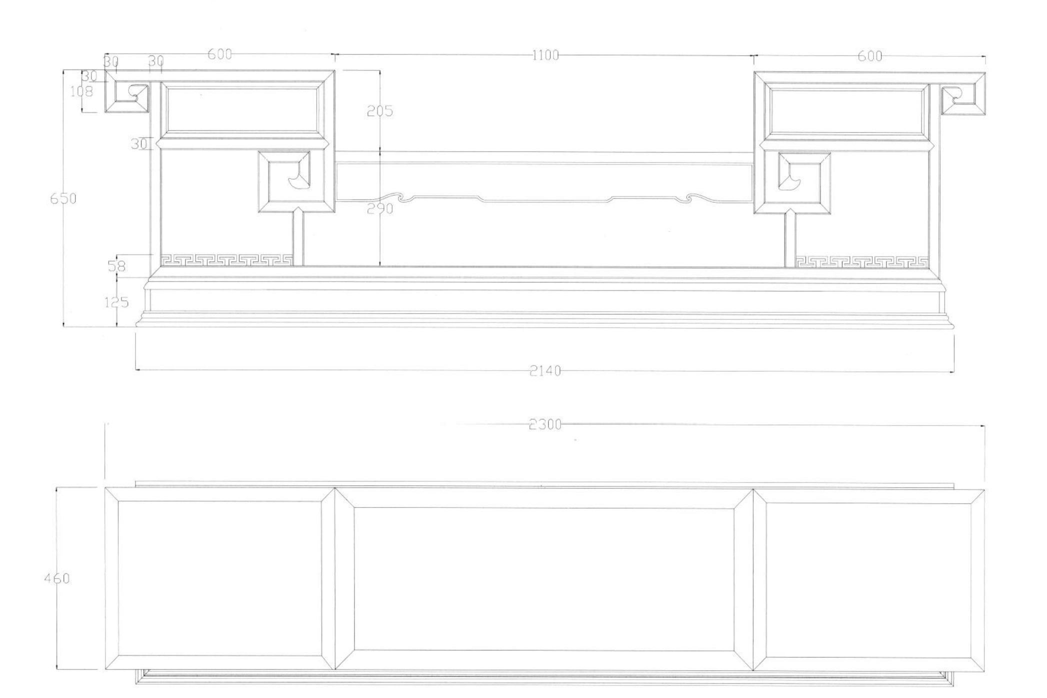

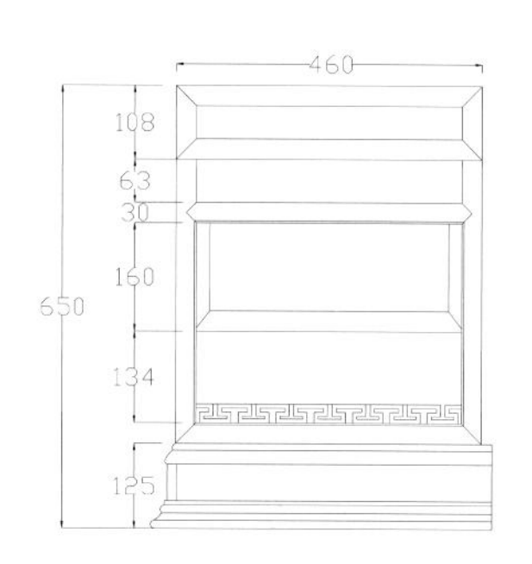

CAD 结构图

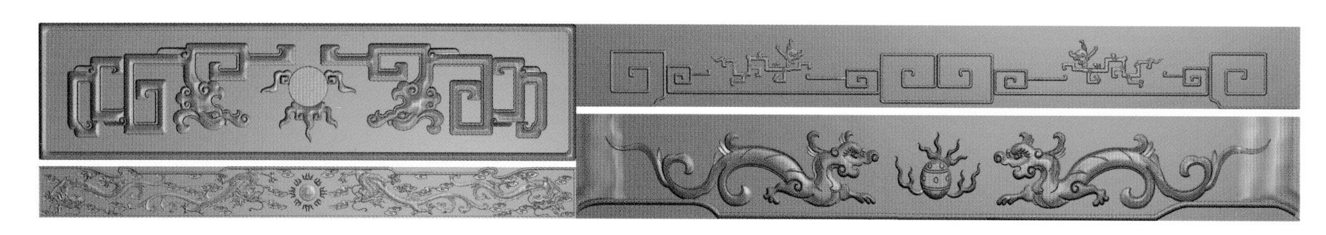

精雕图

电视柜13

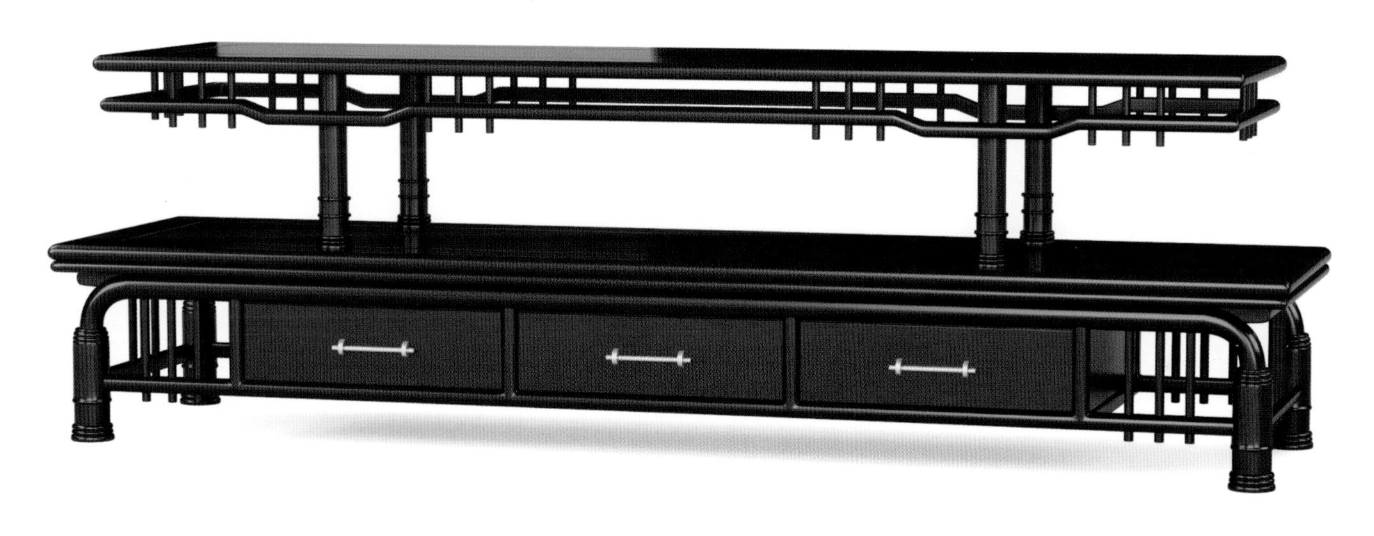

透视图

款式点评：

此电视柜的上方是一个平头案，案面下有矮佬加横枨相连，上层案面与下层案面有四圆腿相连。下层案面为双层，柜身有三屉，屉光素无雕饰。柜腿弧圆形向下，较粗壮，整体通透明快，素雅美观。

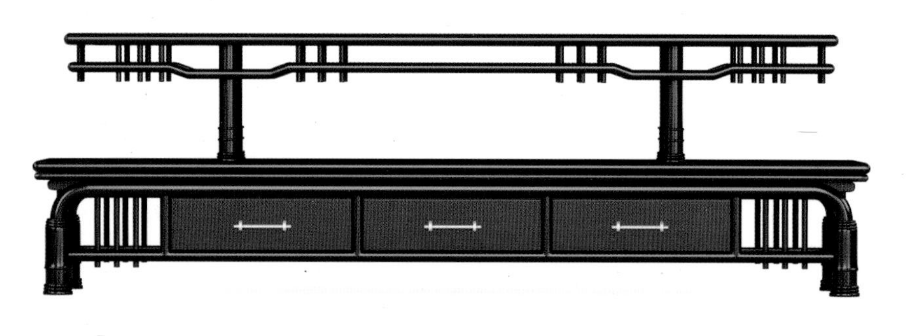

主视图

侧视图

俯视图

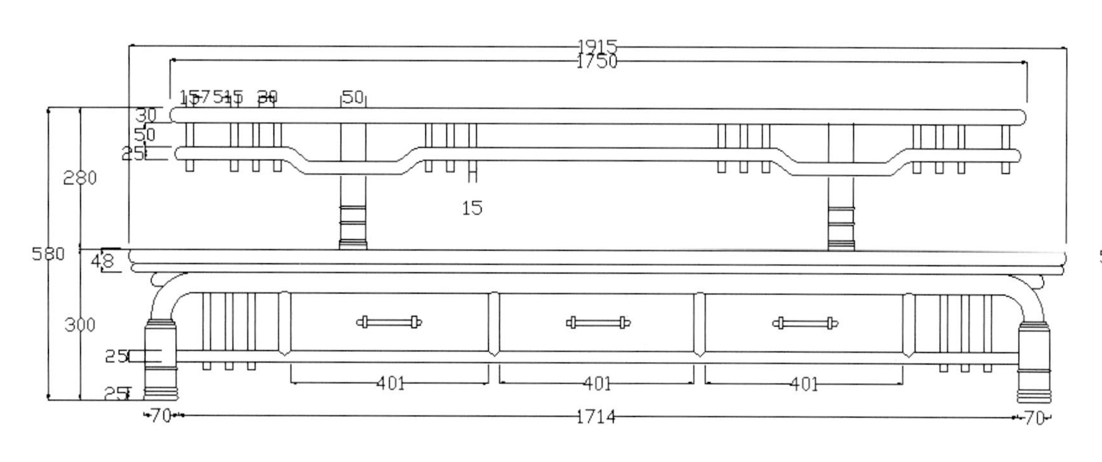

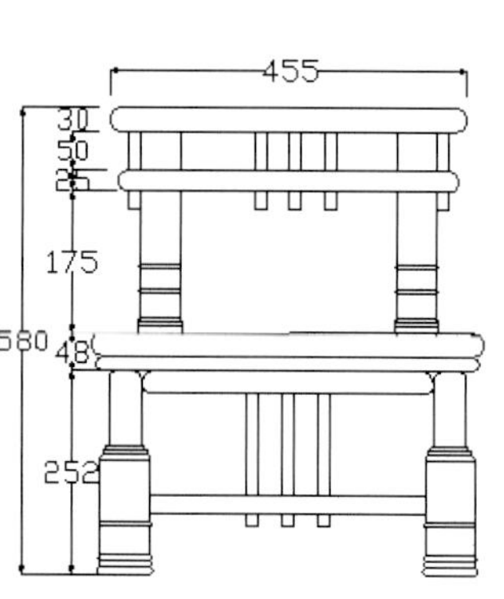

CAD 结构图

电 视 柜 14

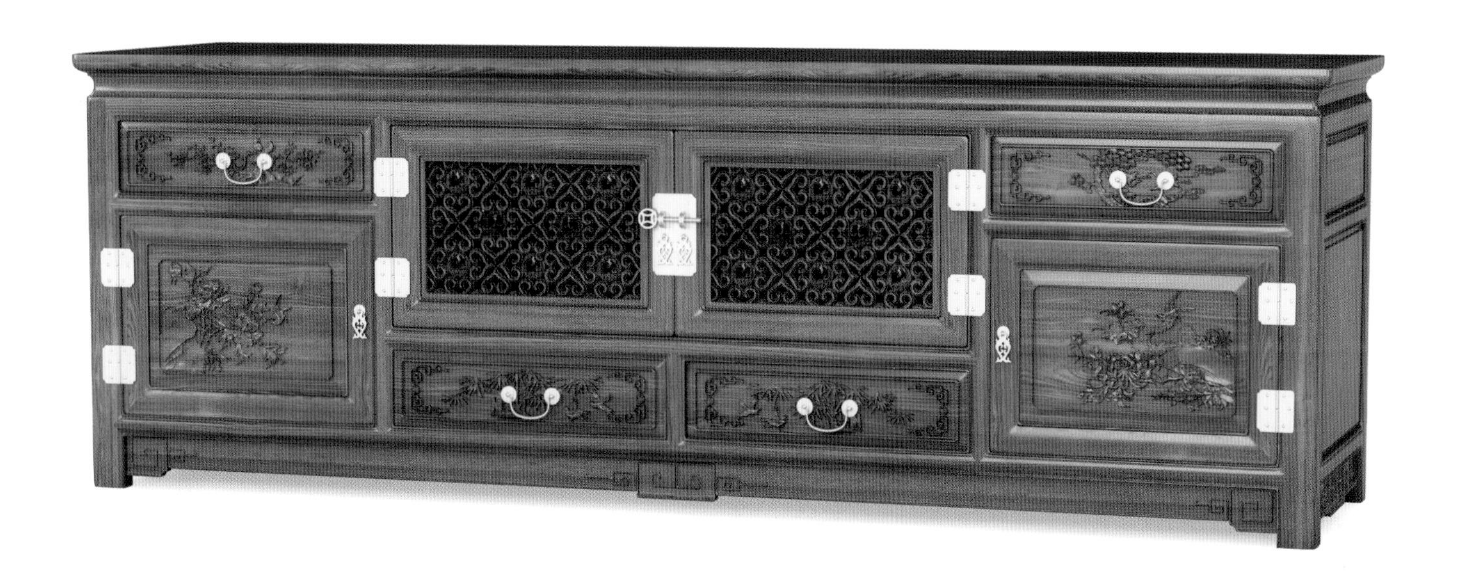

透视图

款式点评：

此电视柜整体方正，柜顶面向外喷出，有束腰，柜身两侧上屉下柜，柜面屉脸浮雕花鸟纹。正中柜面镂空雕饰，下有两屉，浮雕花鸟纹式。整体雕饰精巧，美观实用。

主视图

侧视图

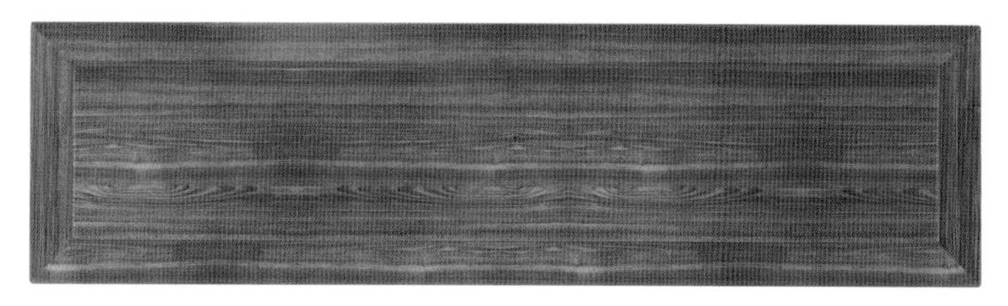

俯视图

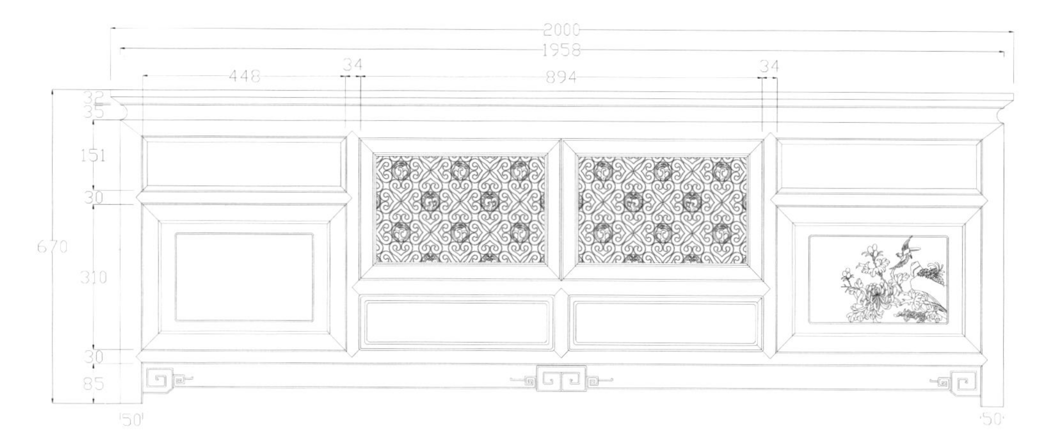

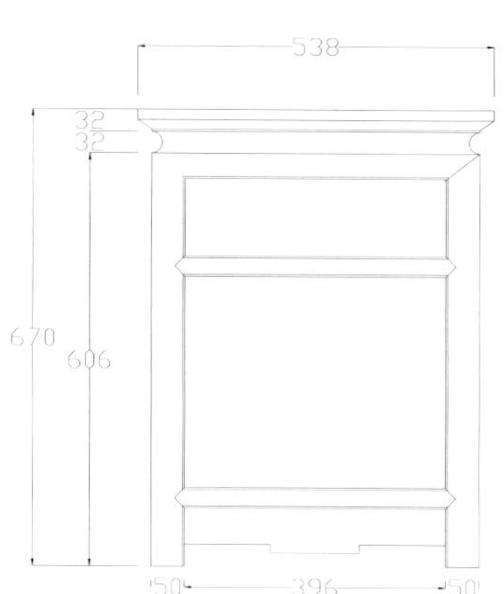

CAD 结构图

精雕图

櫃格類

电 视 柜 15

透视图

款式点评：

此电视柜两侧为高柜，中间设方屏，下为矮柜。两侧高柜上部柜门透空，内部有阁，中间有小屉，屉面浮雕蝠纹与金钱纹，下有柜，柜门浮雕博古纹。后背屏正中为方形金丝楠水波纹，下柜设六屉，两侧屉面浮雕蝠纹与金钱纹，正中无屉面。腿间设牙板，牙板浮雕蝠纹与螭龙纹。整体大气美观，实用性强。

主视图

侧视图

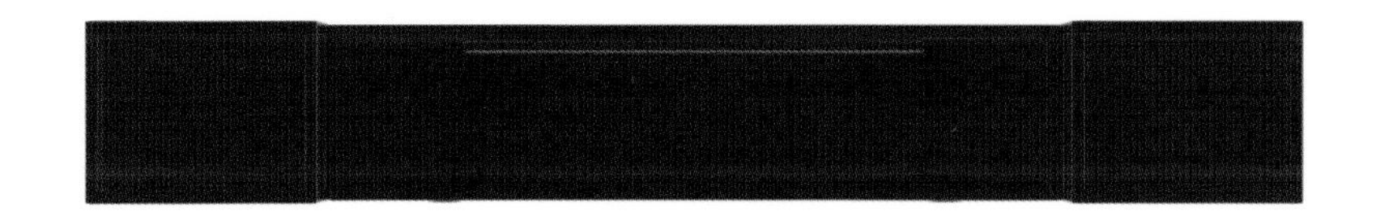

俯视图

精雕图

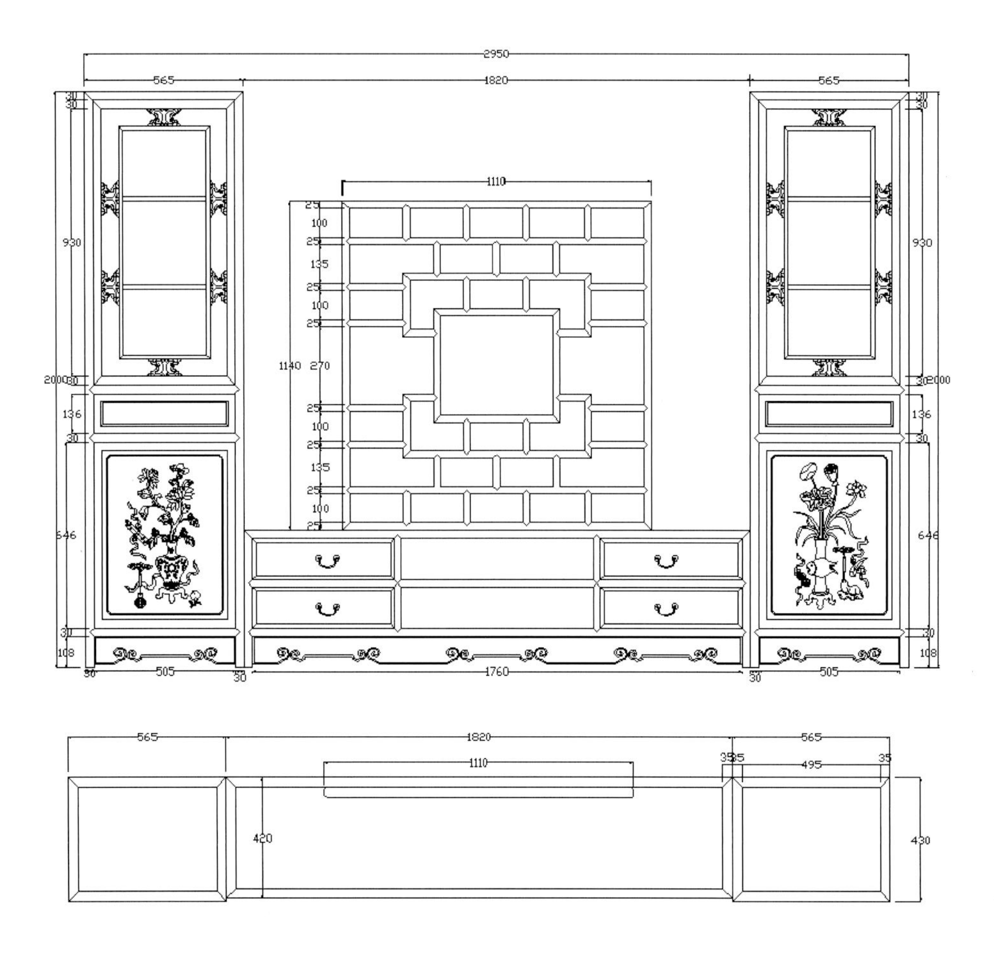
2950
565
1820
565
1110
930
1140
270
2000
136
646
108
505
1760
30
25
100
135
420
430
495
35

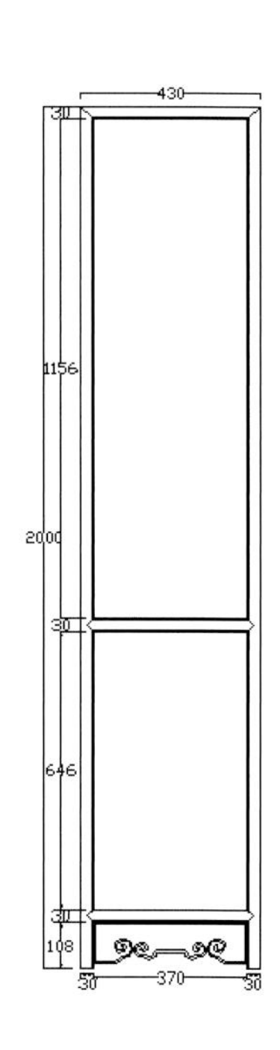
430
1156
2000
646
108
370
30

CAD 结构图

四　联　柜

透视图

款式点评：

此案呈翘头案样式，案面和柜身之间以牙条相连，柜身上有三屉，屉下有柜。屉脸柜门面浮雕风景雕饰。柜门间有黄铜条面页。柜腿之间有牙条，四腿外倾，有铜包脚。整体造型古朴优雅。

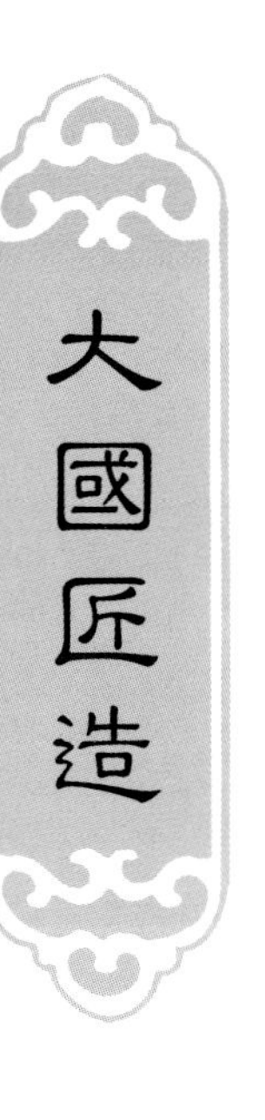

主视图

侧视图

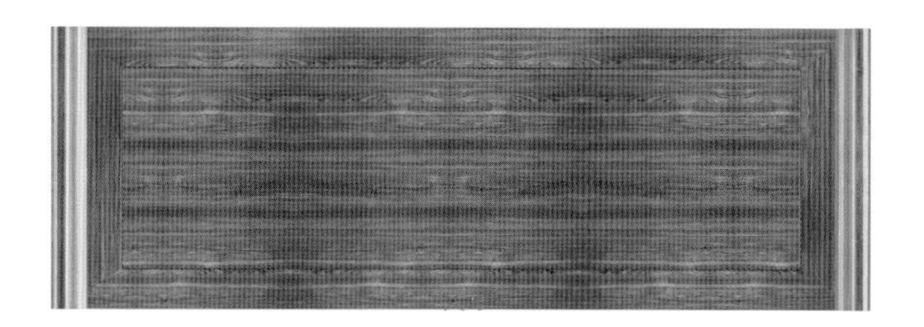
俯视图

精雕图

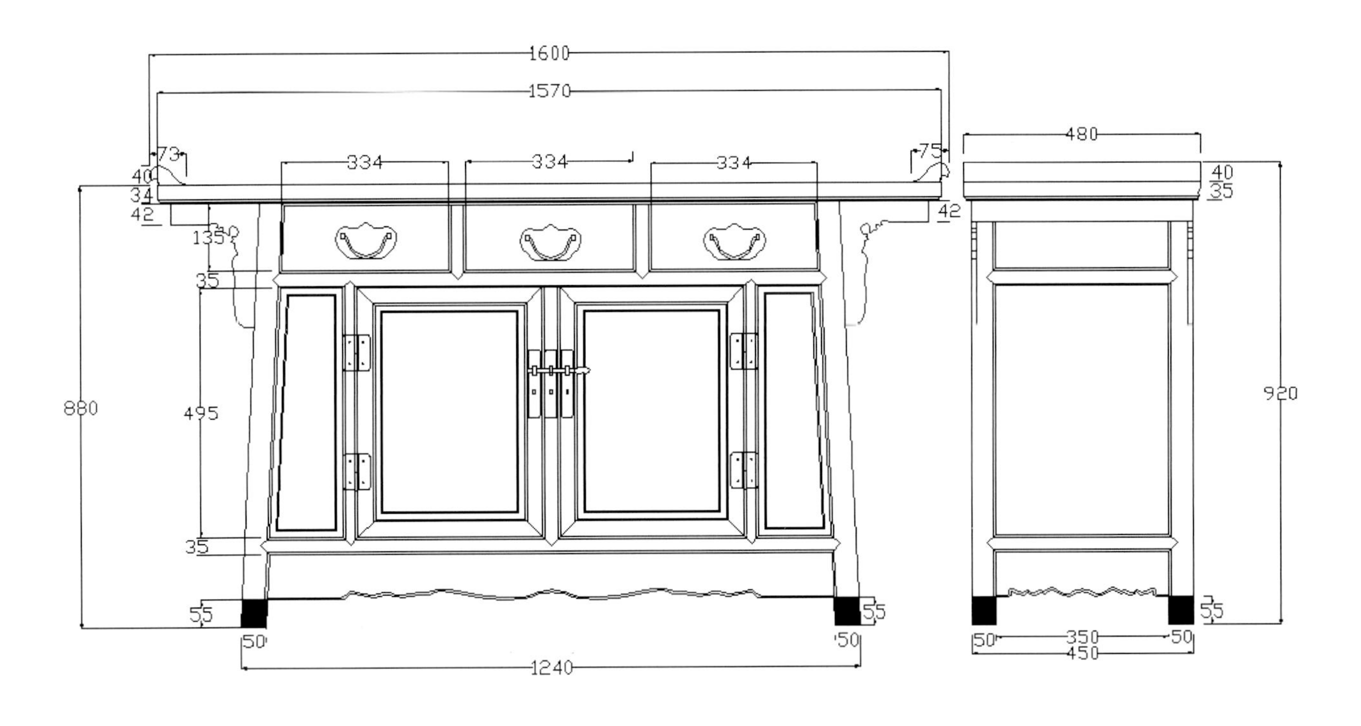
1600
1570
73
75
334
334
334
40
34
42
42
135
35
880
495
35
55
55
50
50
1240
480
40
35
920
55
50
350
50
450

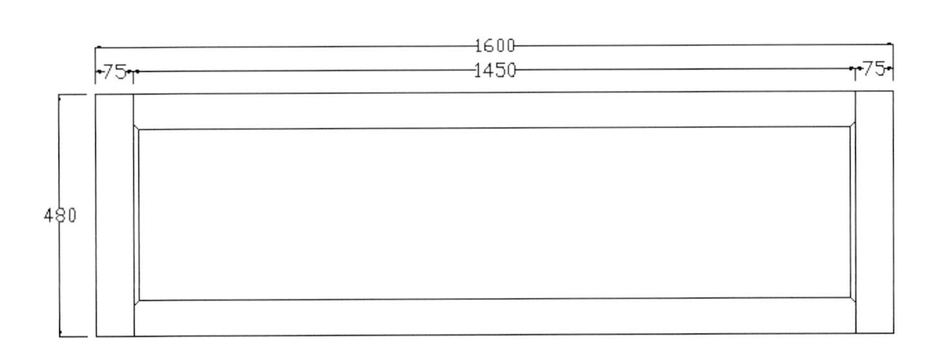
1600
75
1450
75
480

CAD 结构图

櫃格類

二　　联　　柜

透视图

款式点评：

此案呈翘头案样式，案面和柜身之间以直牙条相连，柜身上有两屉，屉下有柜。屉脸为金色楠木水波纹材质。柜门也用金丝楠水波纹。柜门间有黄铜条面页。柜腿之间有牙条。整体造型古朴优雅。

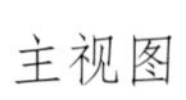

主视图

侧视图

俯视图

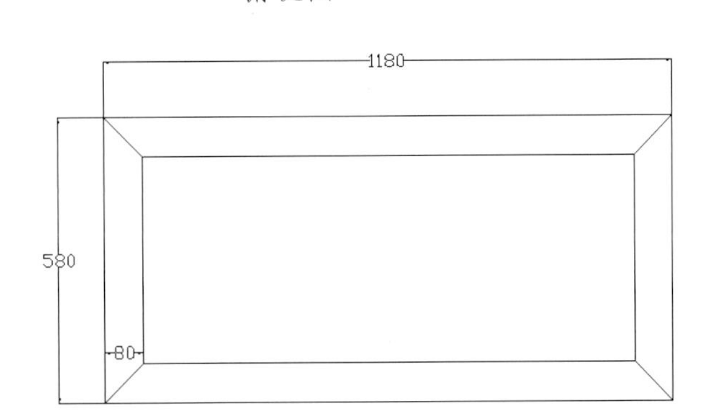

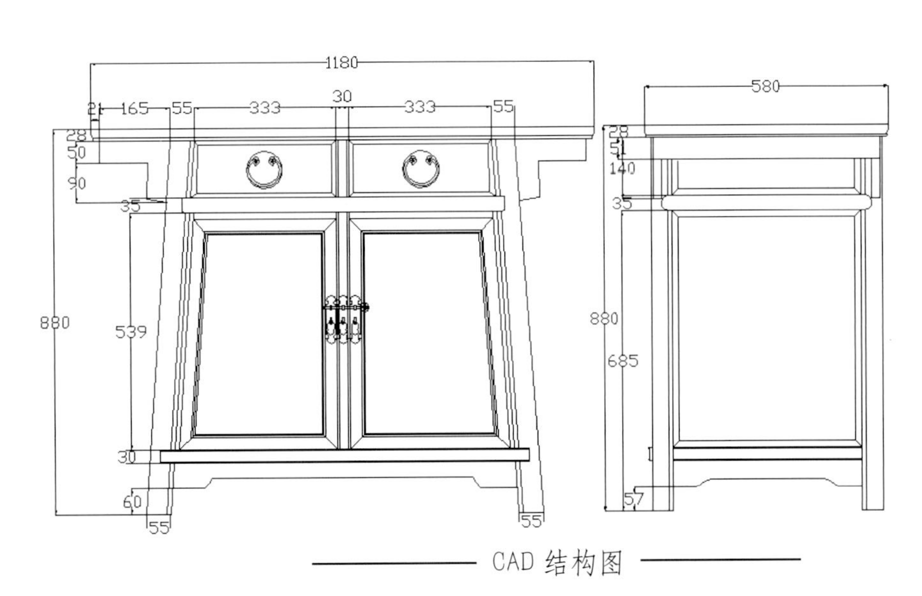

CAD 结构图

四 圣 兽 联 柜

透视图

款式点评：

此案呈翘头案样式，案面和柜身之间以雕有螭龙纹样的牙角相连，柜身上有三屉，屉下有柜。屉脸雕有回纹。柜门上雕有四神兽纹样。柜门间有黄铜条面页，以黄铜合叶与柜身相连。柜腿间有直牙条。整体造型古朴优雅。

主视图

侧视图

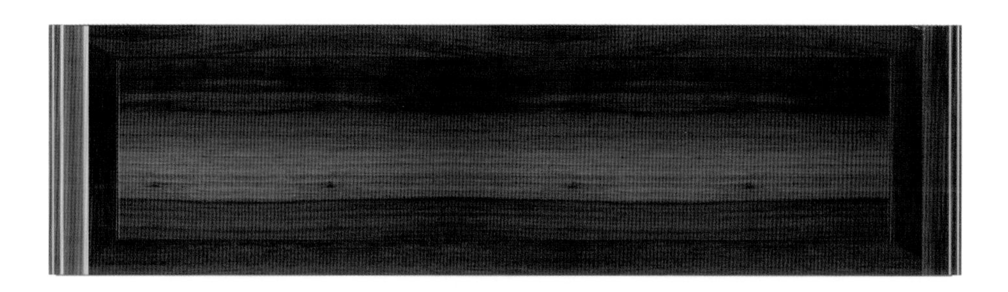

俯视图

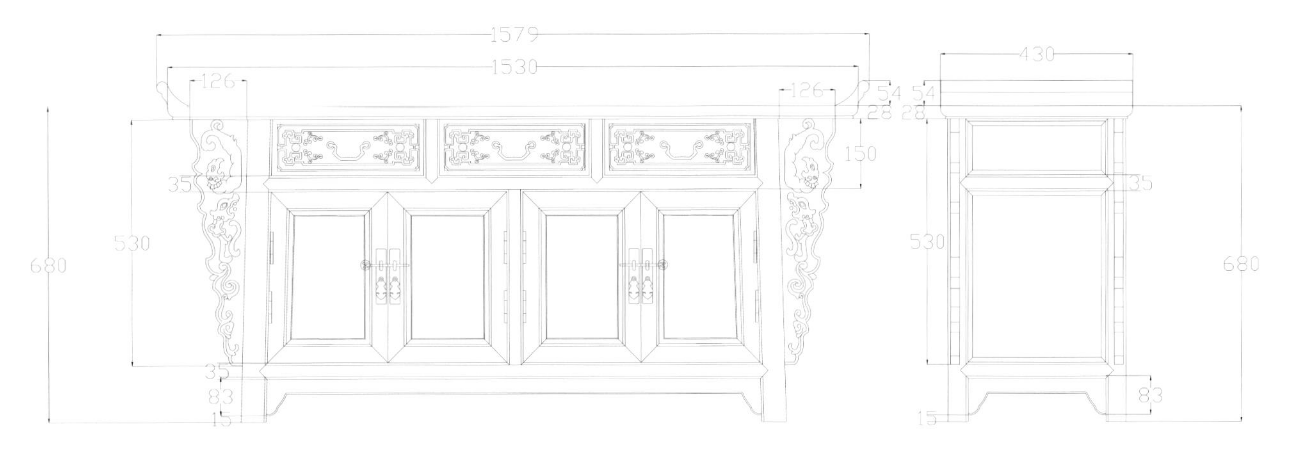

CAD 结构图

樱木四联柜

透视图

款式点评：

此案呈翘头案样式，案面下有三屉，屉面无雕饰。屉下三柜，柜面为金丝楠樱木。腿间直牙条。整体造型古朴精炼。

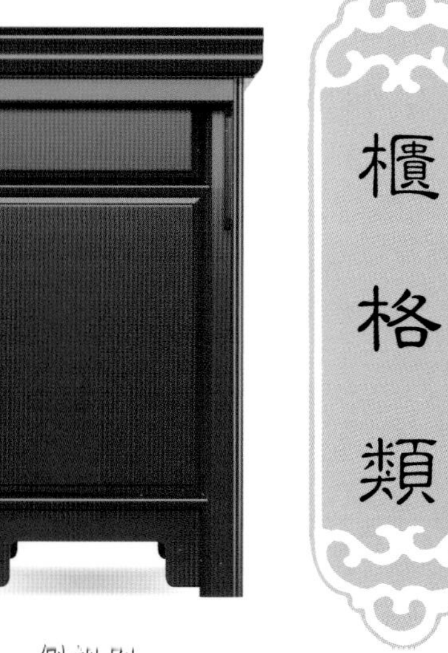

主视图

侧视图

俯视图

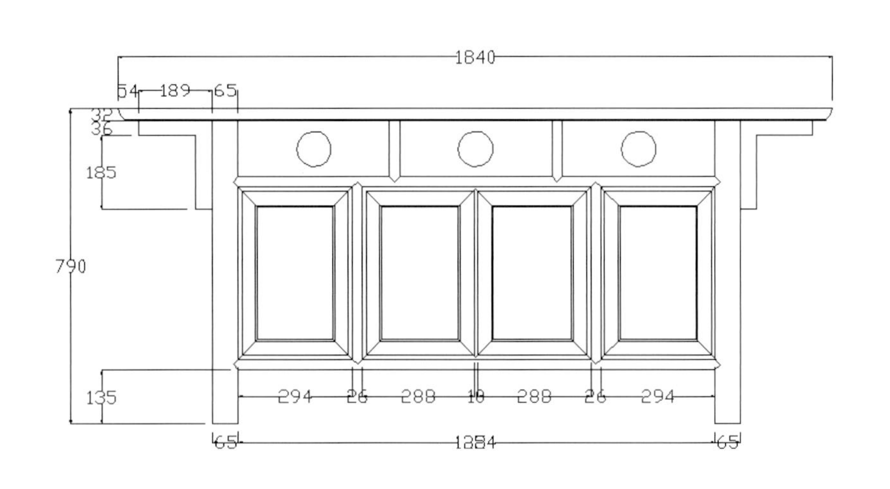

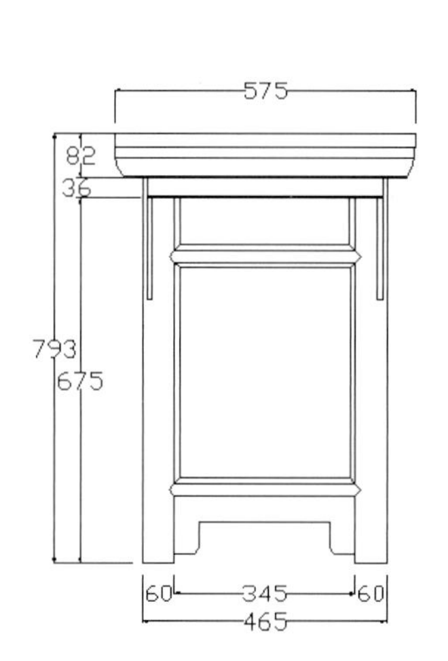

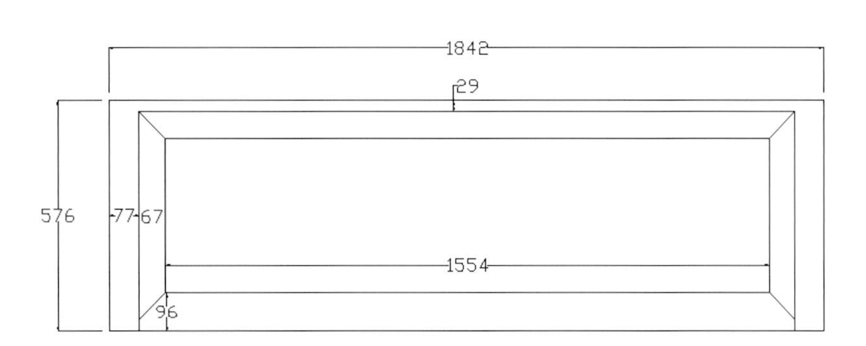

CAD 结构图

翘头四联柜

透视图

款式点评：

此案呈翘头案样式，案面和柜身之间以雕有螭龙纹样的牙角相连，柜身上有两屉，屉下有柜。屉脸雕有花鸟纹样。柜门上雕有博古纹。柜门间有黄铜条面页，以黄铜合叶与柜身相连。柜腿短小精致。整体造型古朴优雅。

主视图

侧视图

俯视图

精雕图

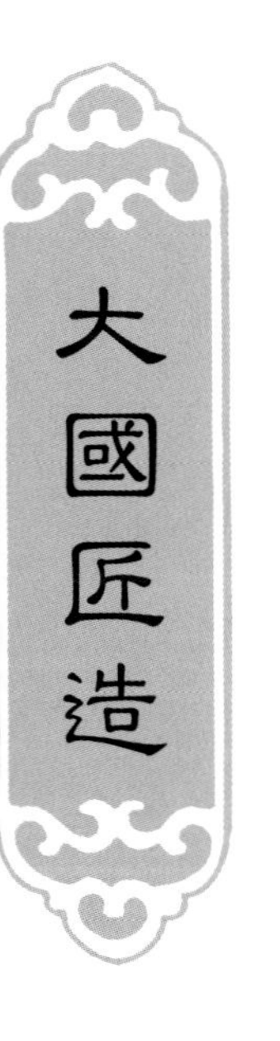
大國匠造

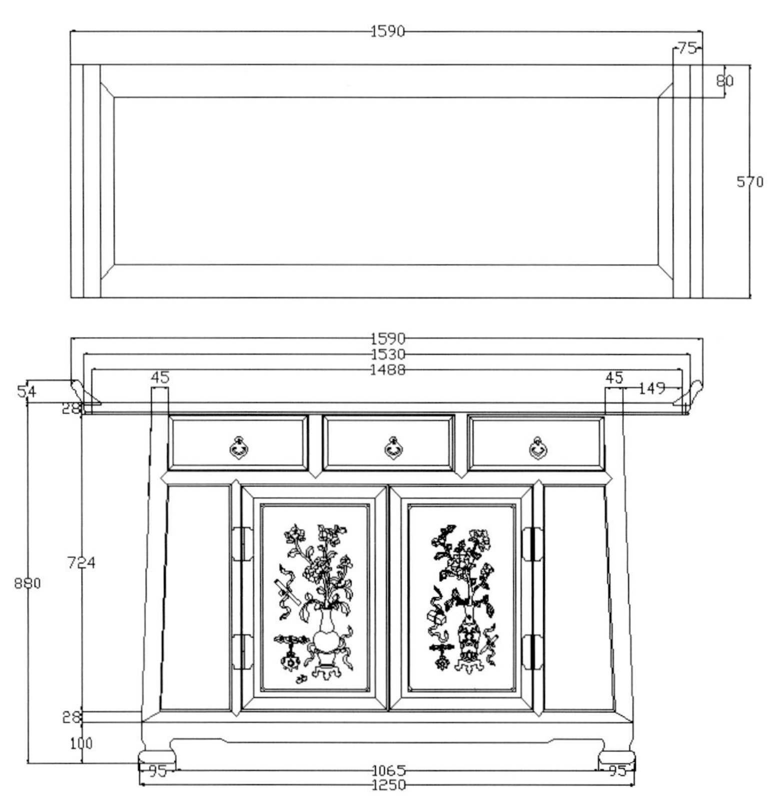
1590
75
80
570
1590
1530
1488
45
45
149
54
28
724
880
28
100
95
1065
95
1250

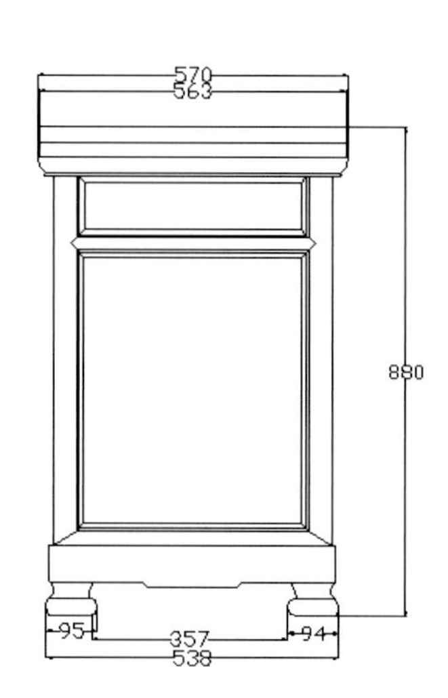
570
563
880
95
357
94
538

CAD 结构图

方形多宝阁

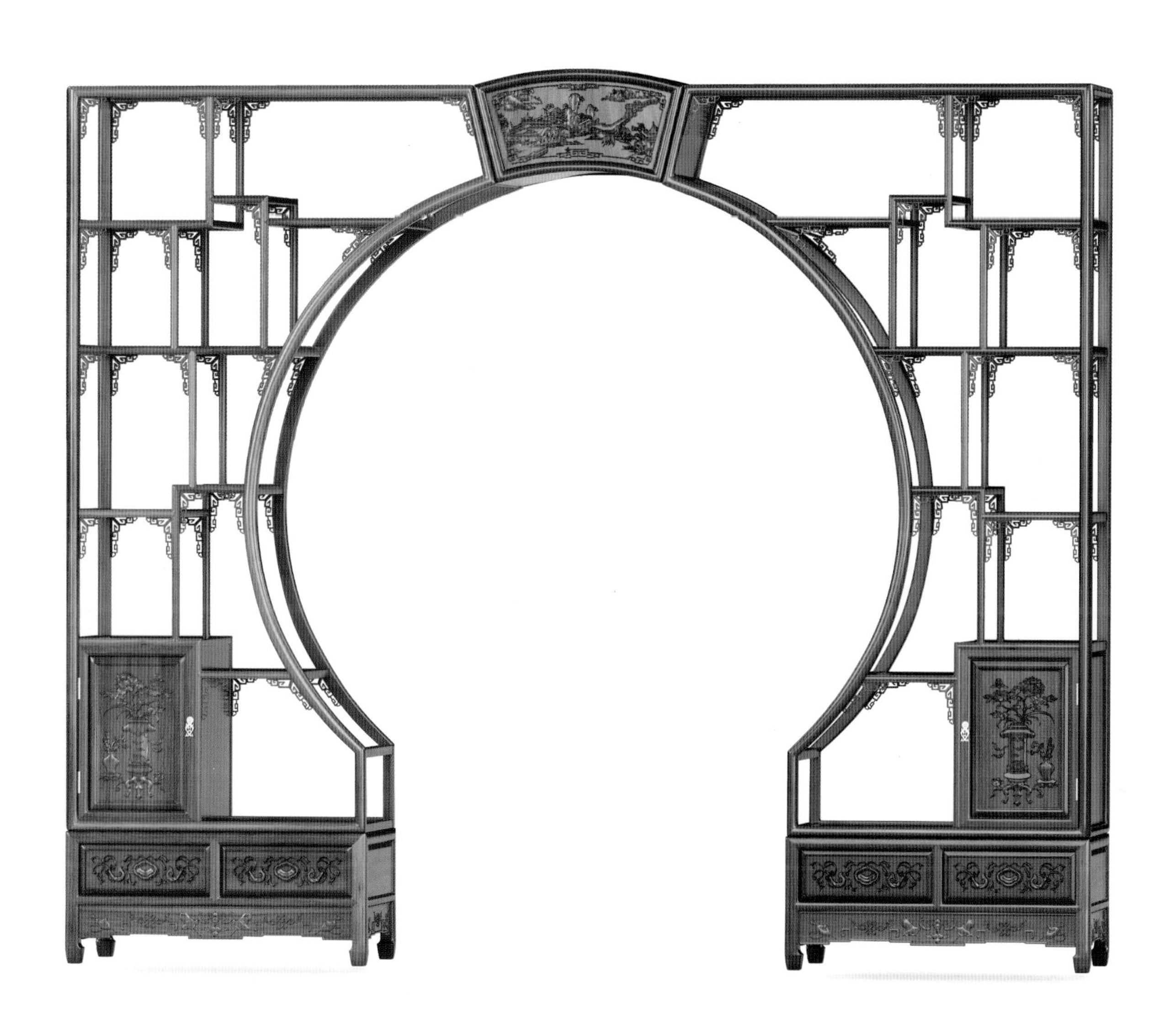

透视图

款式点评：

此多宝格整体为方形，内为圆形。方形区域被分为数个空间。各个区域都有角花。正中顶部有扇形区域浮雕山水图。多宝格侧边有单柜，下有双屉，柜面屉面浮雕博古纹与八宝纹。腿间有牙板，牙板浮雕八宝纹。整体大气美观。

主视图

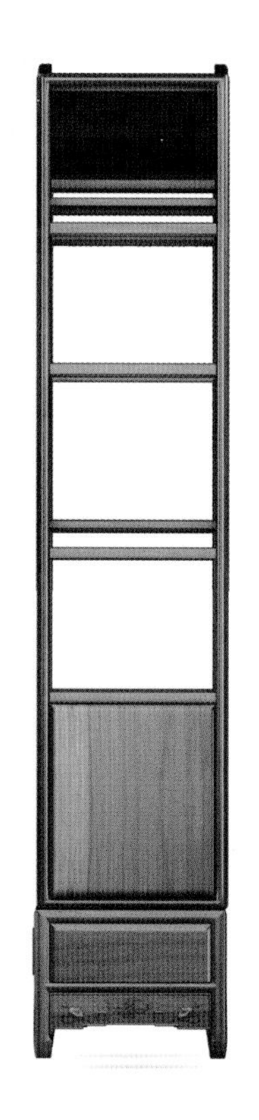

侧视图

精雕图

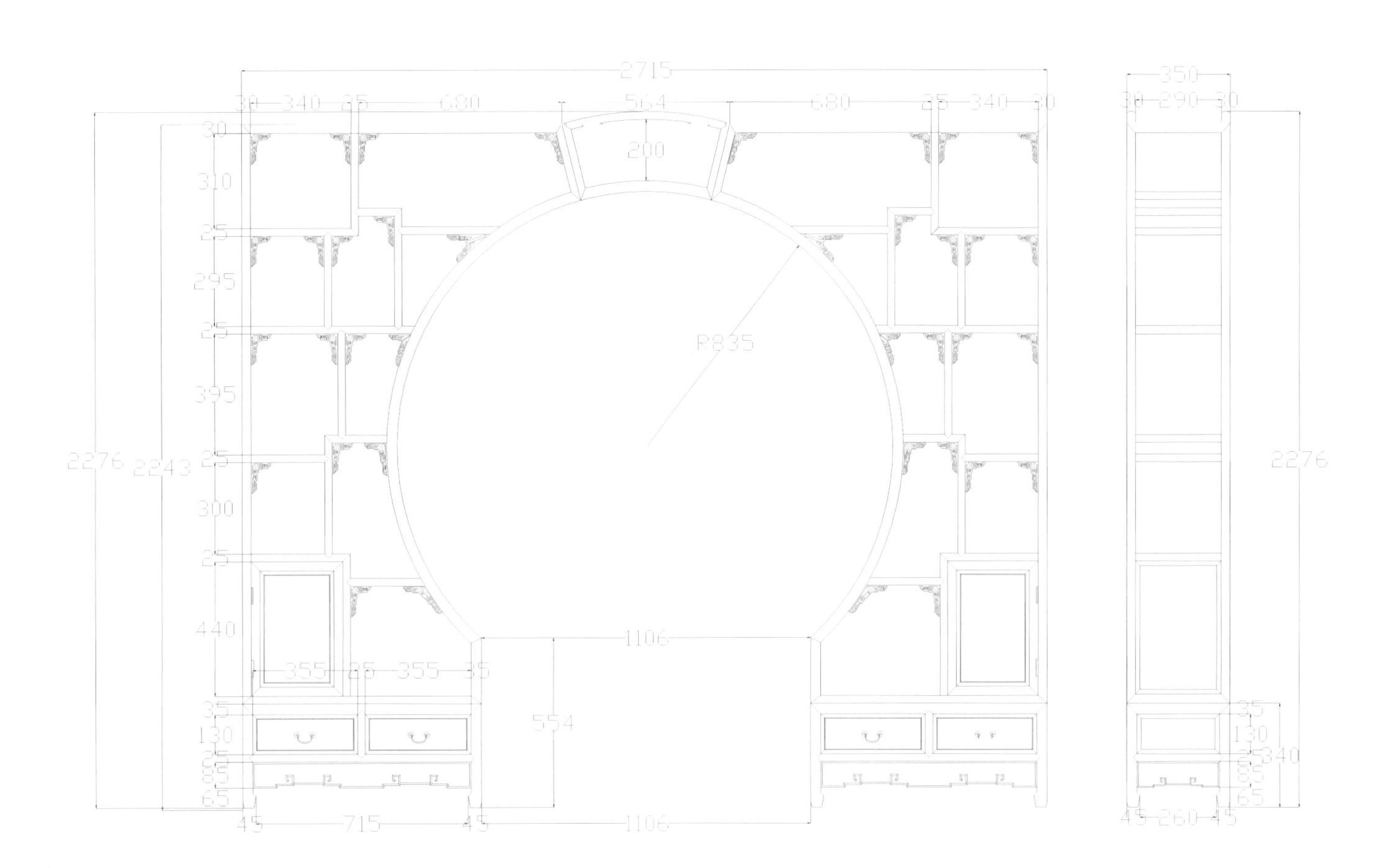
2715
30 340 25 680 564 680 25 340 30
200
310
295
395
300
440
35
130
85
65
2276
2243
R835
1106
554
355 25 355
45 715 45 1106
350
30 290 30
2276
35
130
340
85
65
45 260 45

CAD 结构图

櫃
格
類

博古多宝格

款式点评：

此多宝格整体呈弧形上下窄，中间宽。多宝格上端有小条案做装饰，中下部为错落有致的置物空间，底座下有两屉，屉面浮雕花纹与寿字，腿短小敦厚，整体空灵通透，美观大气。

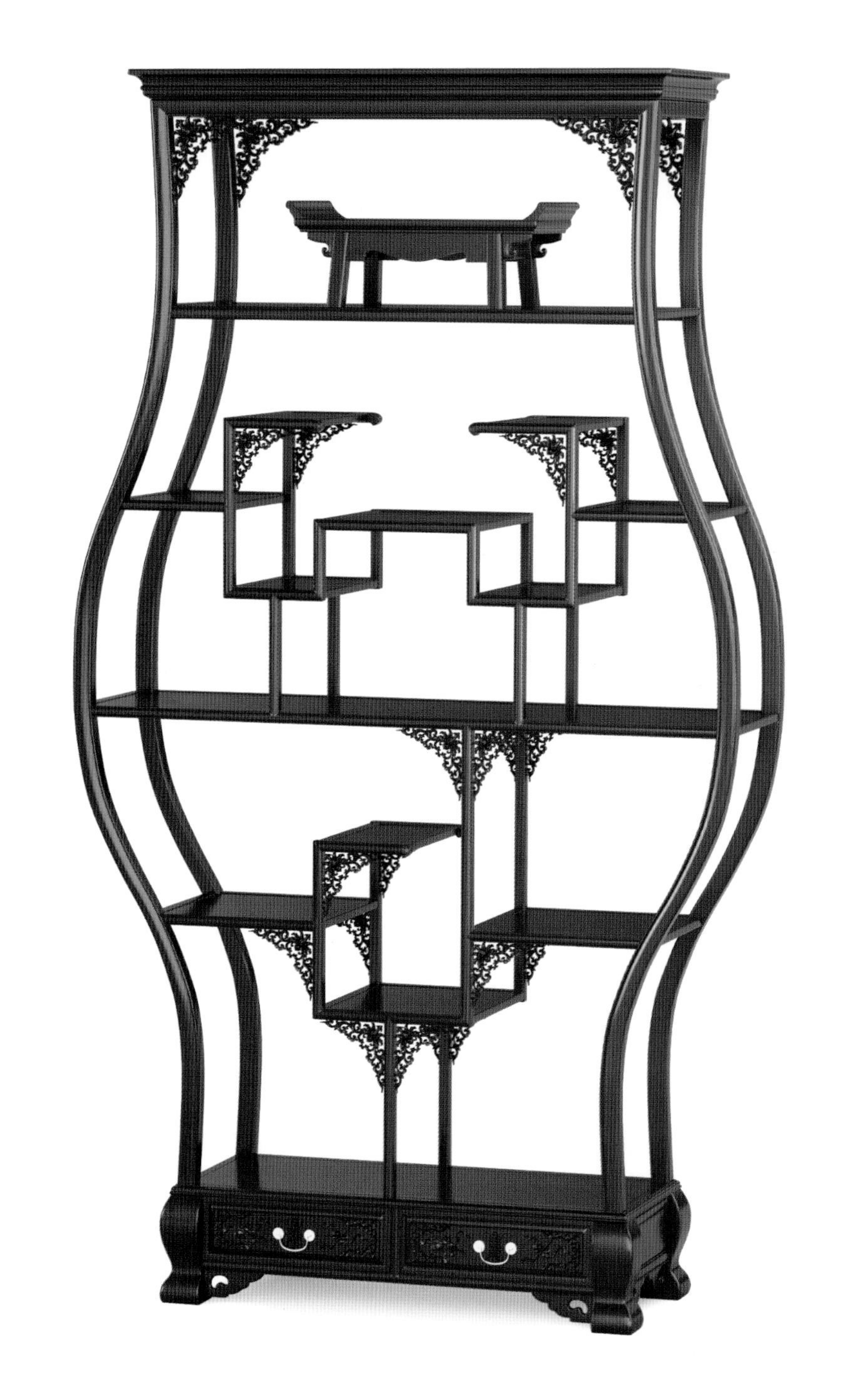

透视图

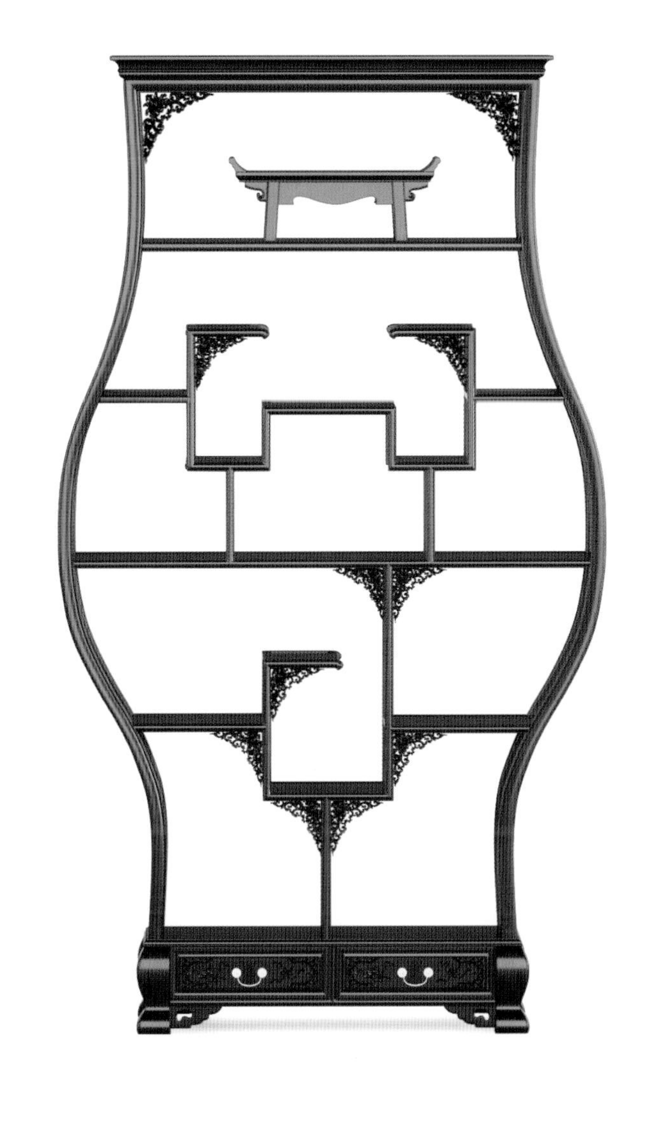

主视图

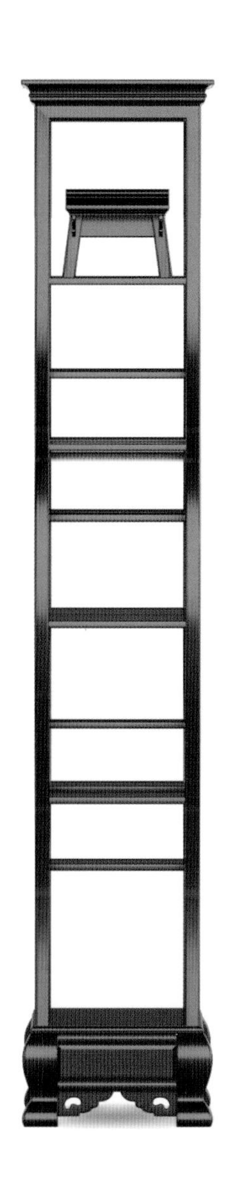

侧视图

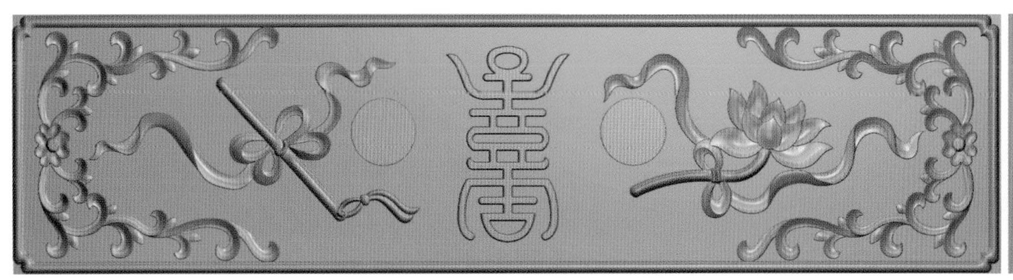

精雕图

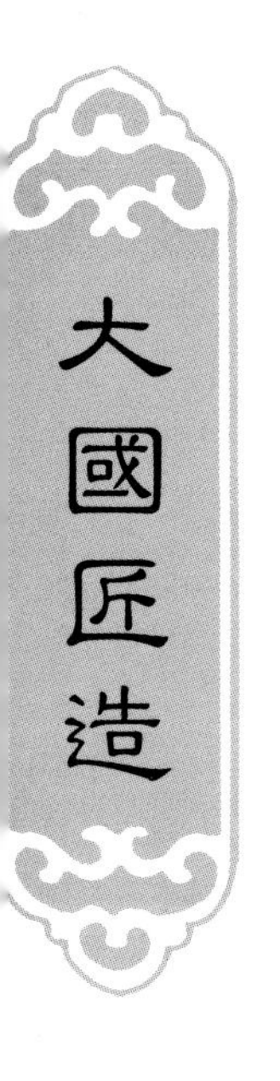
大國匠造

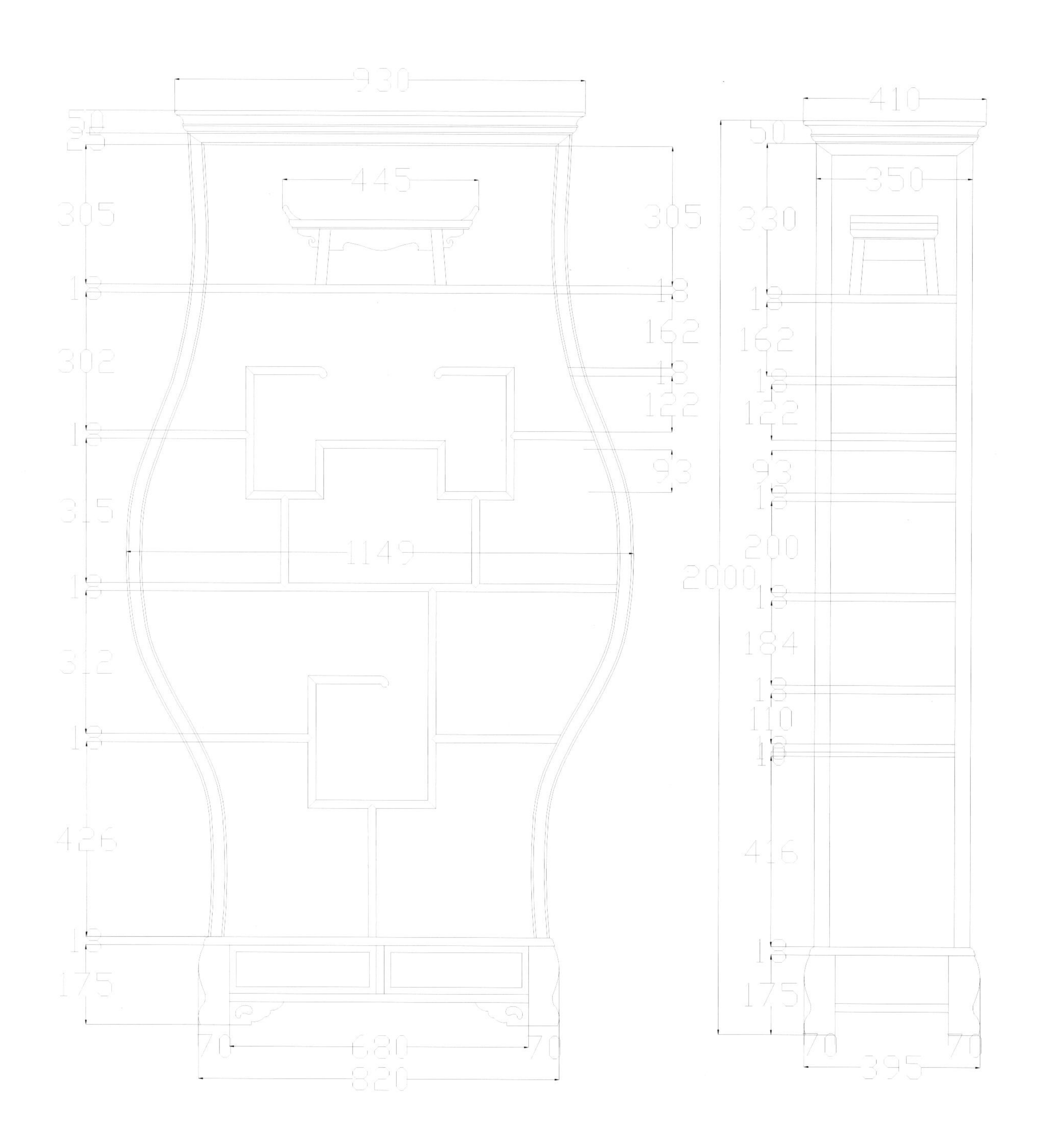
930
50
35
445
305
18
302
162
122
93
315
1149
312
426
175
70
680
820
410
350
330
200
2000
184
110
416
395

CAD 结构图

古朴多宝阁

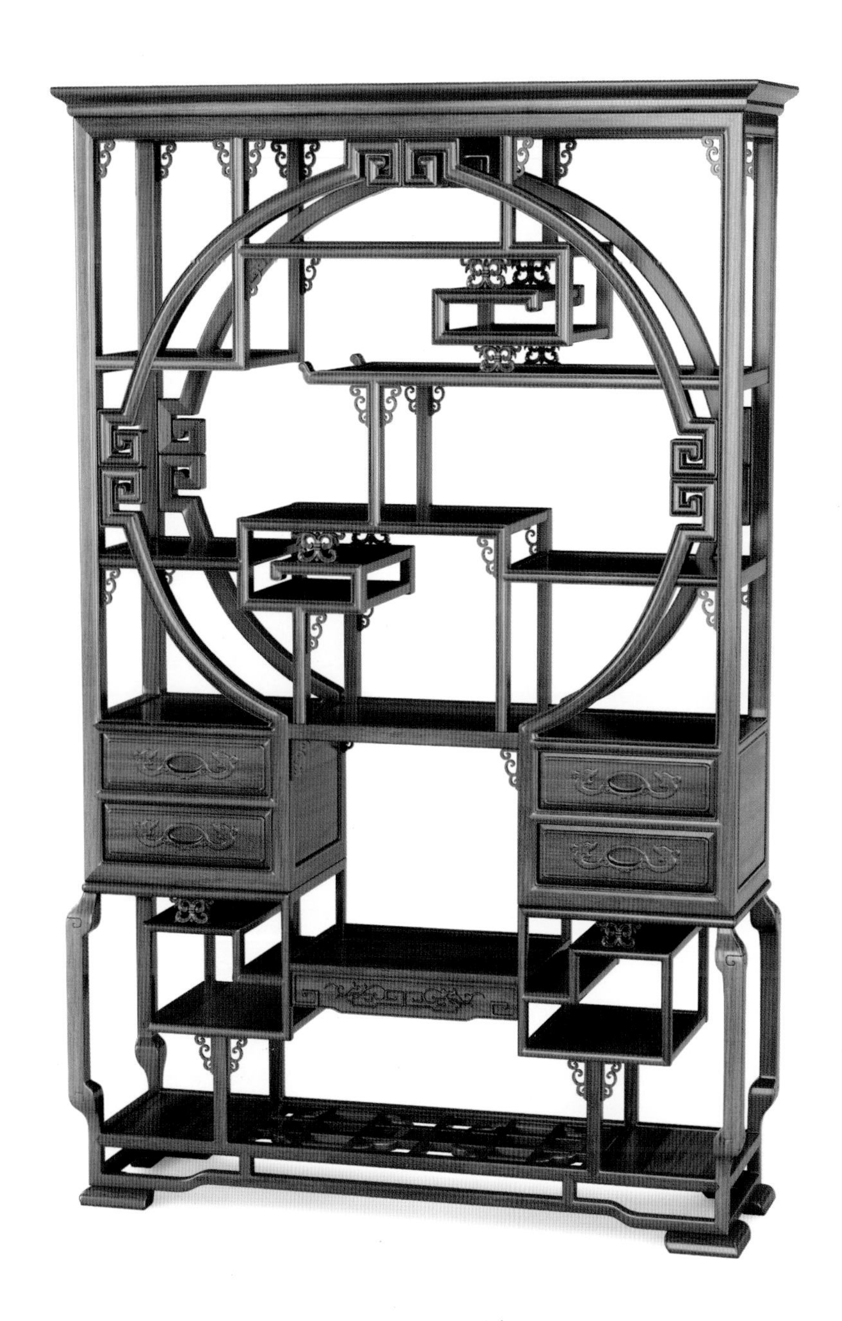

透视图

款式点评：

此阁造型古朴，整体方正，中间透空，上方框架为圆形与回形纹相结合，分成若干置物空间。下部两侧设小屉，屉面浮雕花纹。下部有托架。整体通透空灵，大气美观。

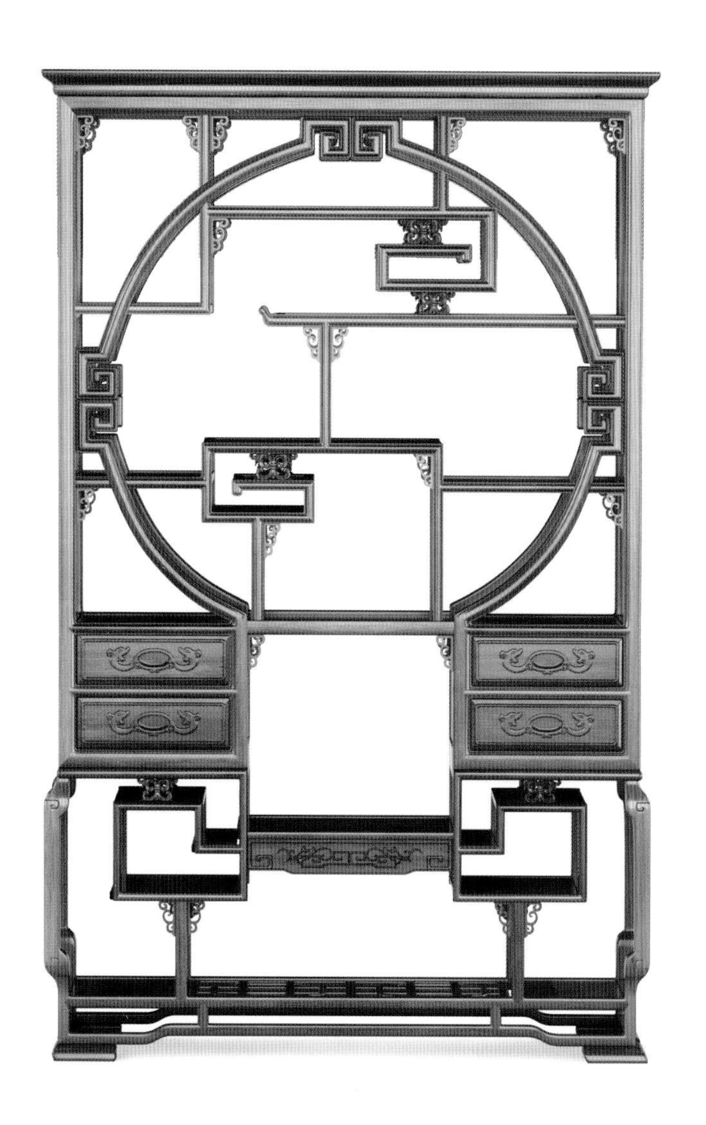

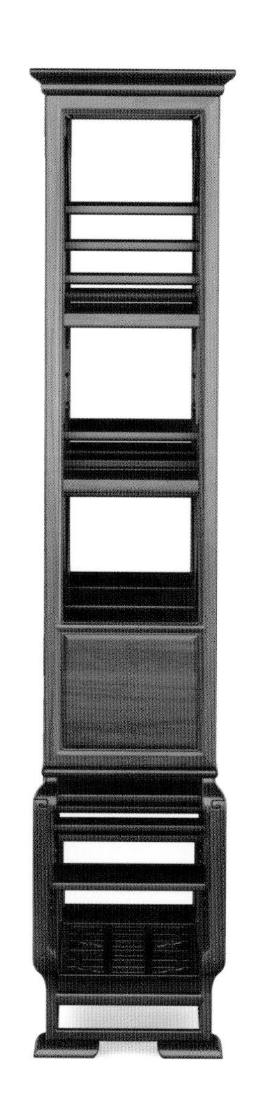

主视图

侧视图

精雕图

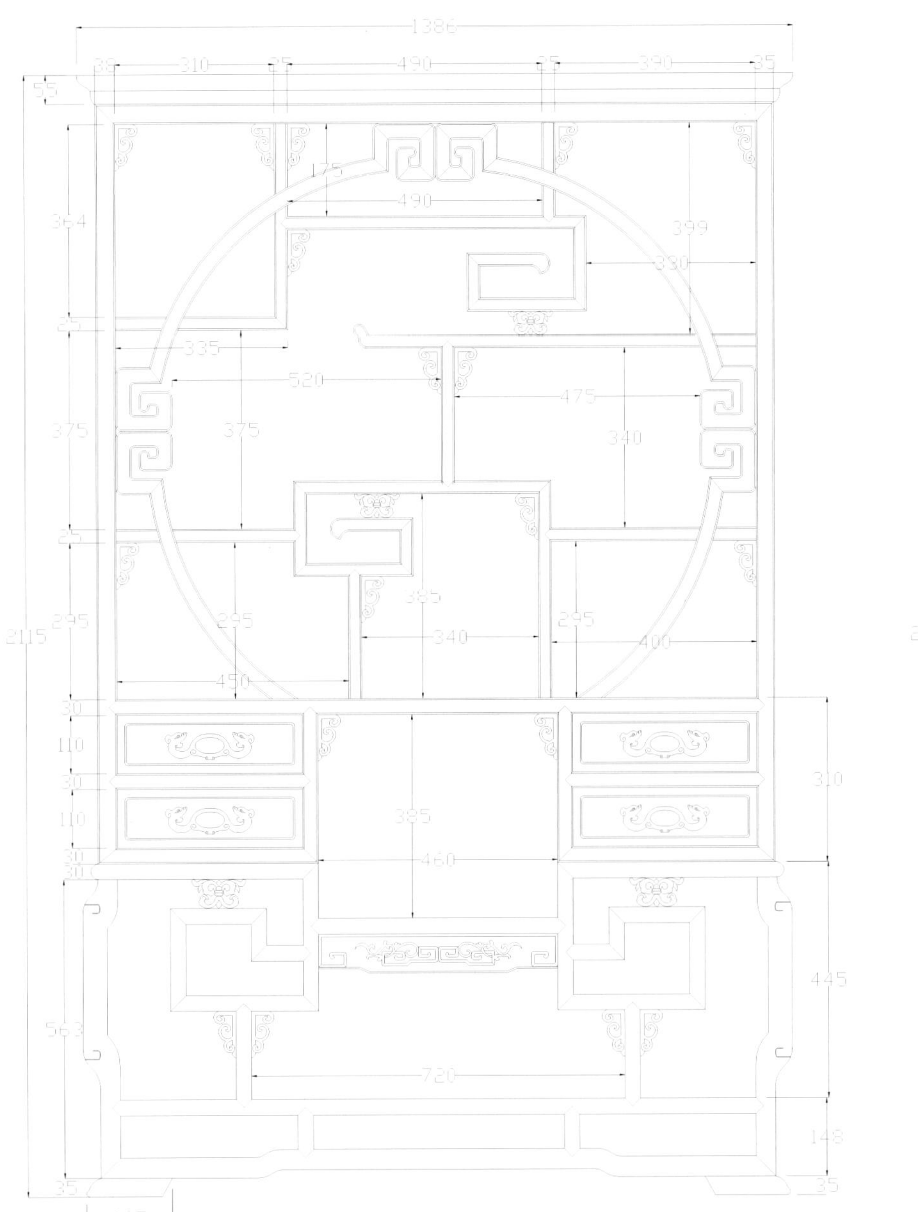
1386
38
310
25
490
25
390
25
55
175
490
364
399
330
25
335
520
475
375
375
340
25
385
295
295
295
340
400
450
2115
30
110
30
110
310
385
30
30
460
445
563
720
148
35
167
35

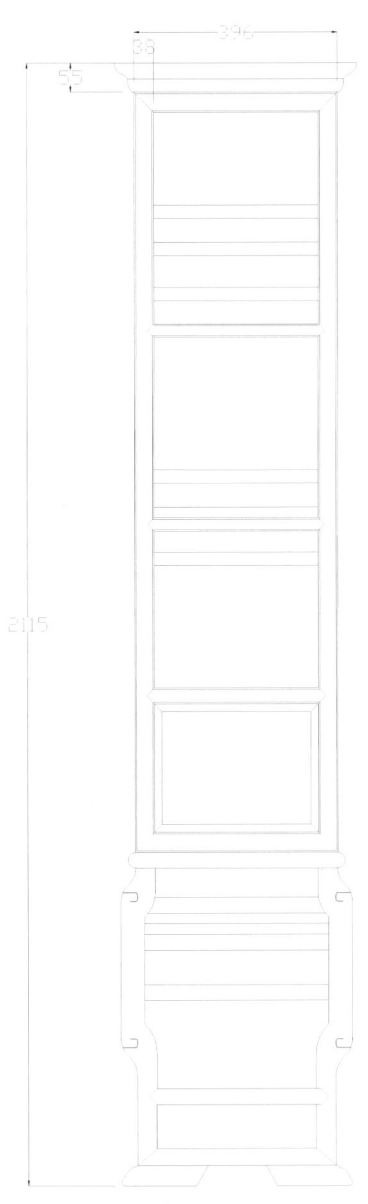
396
38
55
2115

CAD 结构图

櫃格類

博　古　架

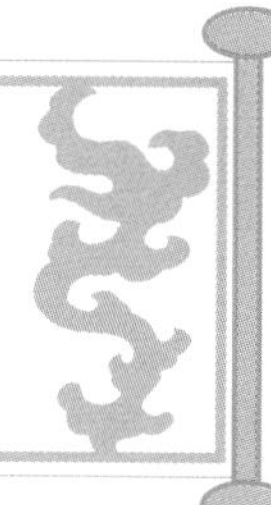

款式点评：

此博古架整体高挑，通体被分成不规则的置物空间，竖条柱呈曲形，中下部有精致的小屉，屉面浮雕螭龙纹。腿间有回形牙条，足部有向外翻卷的弯。整体通透明快，美观大气，实用性强。

透视图

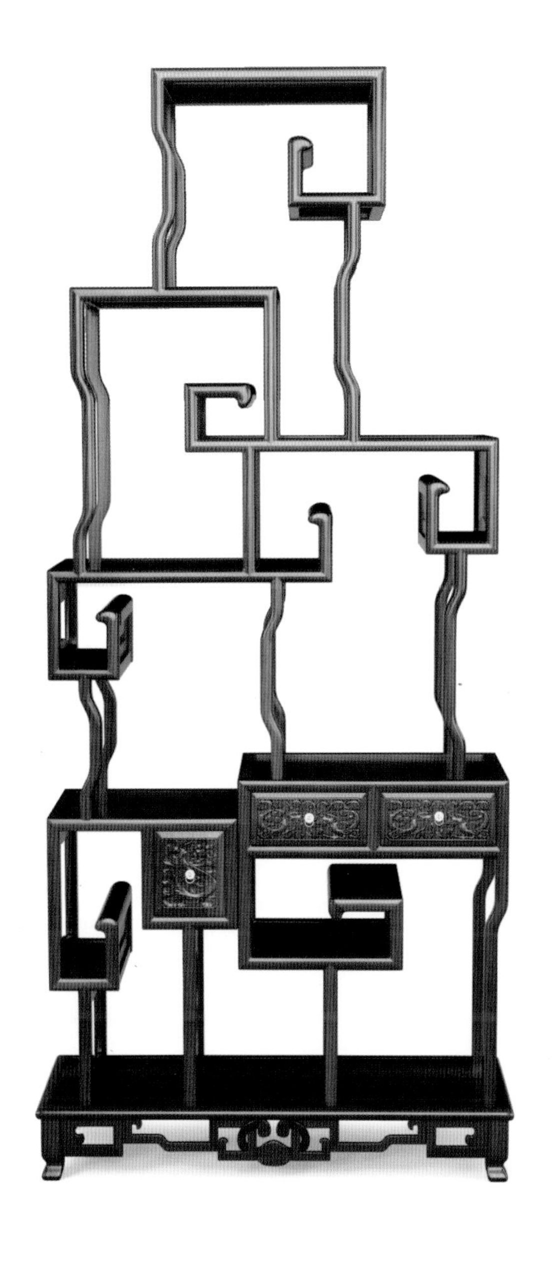

主视图

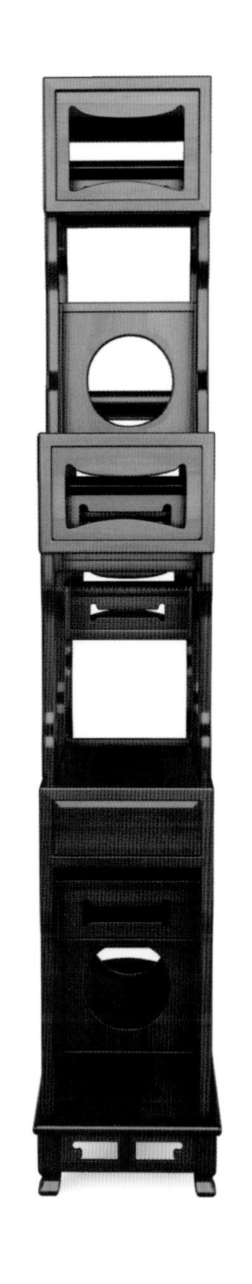

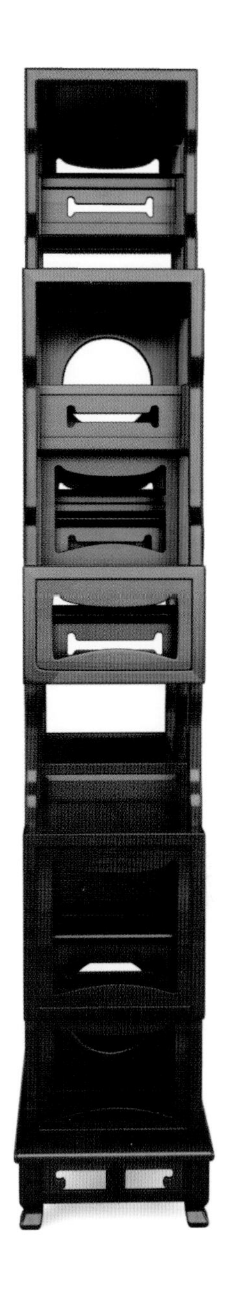

侧视图

精雕图

大國匠造

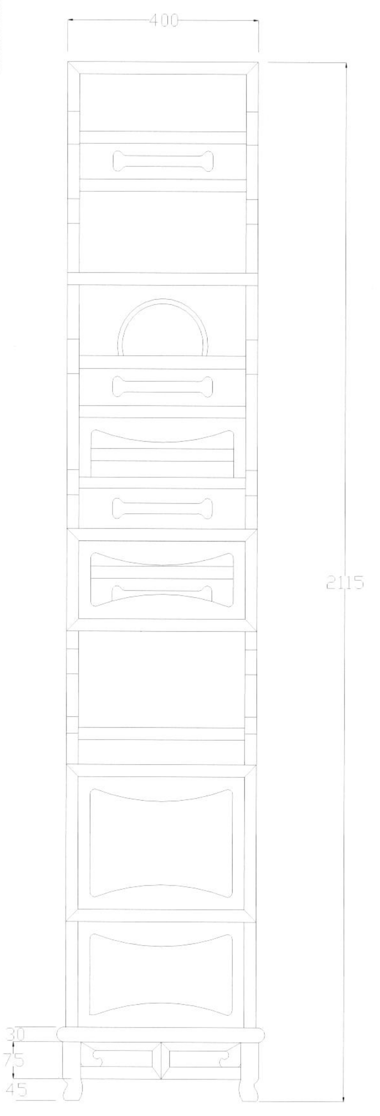
400
2115
30
75
45

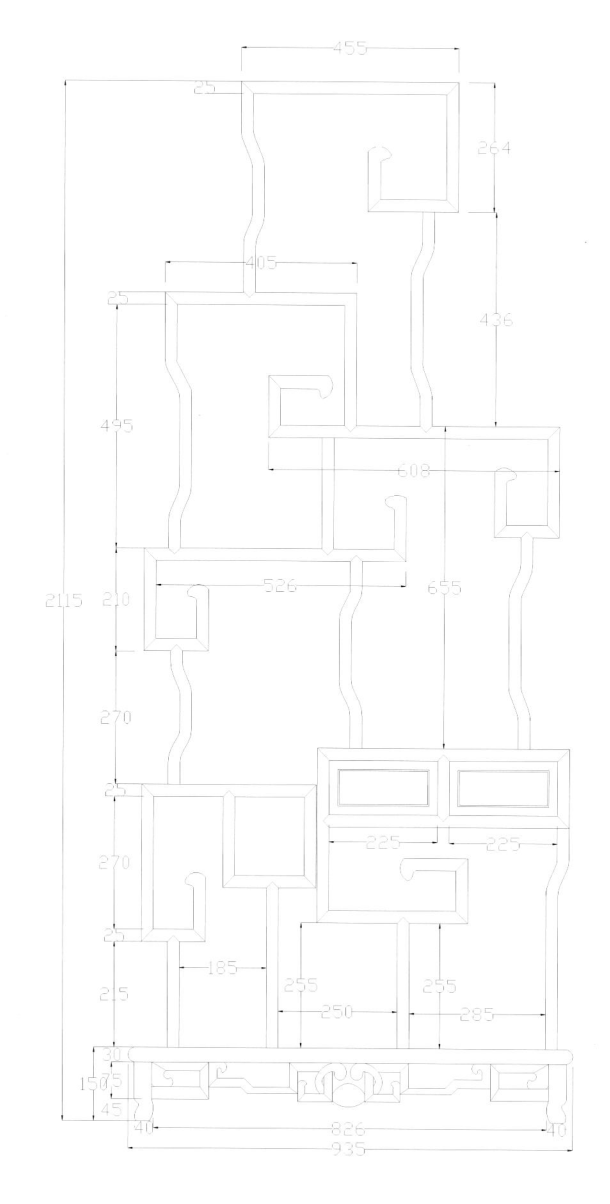
455
25
264
436
405
25
495
608
2115
210
526
655
270
25
225
225
270
25
185
255
255
215
250
285
30
150
75
45
40
826
40
935

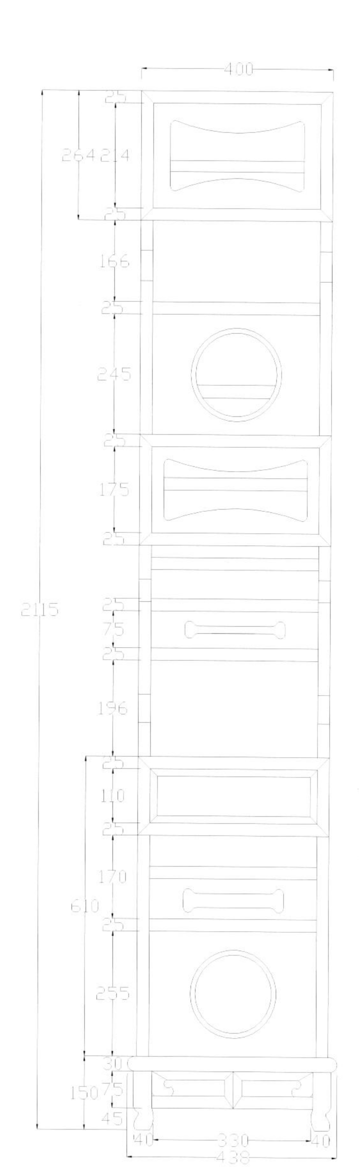
400
25
264
214
25
166
25
245
25
175
25
2115
25
75
25
196
25
110
25
170
610
25
255
30
150
75
45
40
330
40
438

CAD 结构图

山 水 纹 书 柜

透视图

款式点评：

此柜体型较大，齐头立方式，共分为三部分。左右两边是两个顶箱柜，顶箱柜柜面浮雕山水纹式。柜板有铜合页相连。中间上部做空处理，顶部面浮雕山水风景，做透空处理。下有两屉，屉面浮雕山水纹。下有柜，柜面浮雕山水风景纹式。腿间有牙板，牙板浮雕山水风景。

主视图

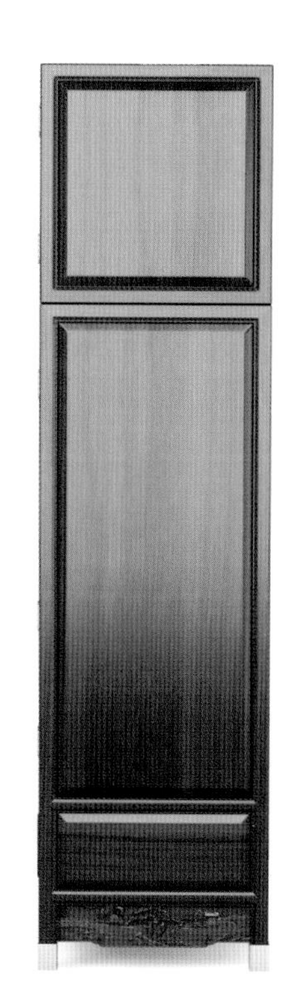

侧视图

精雕图

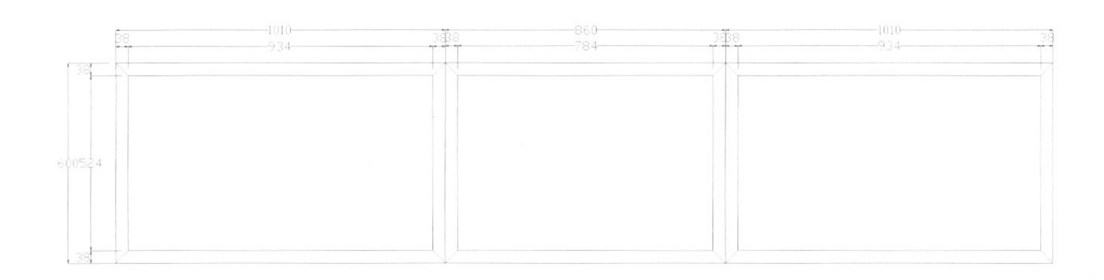

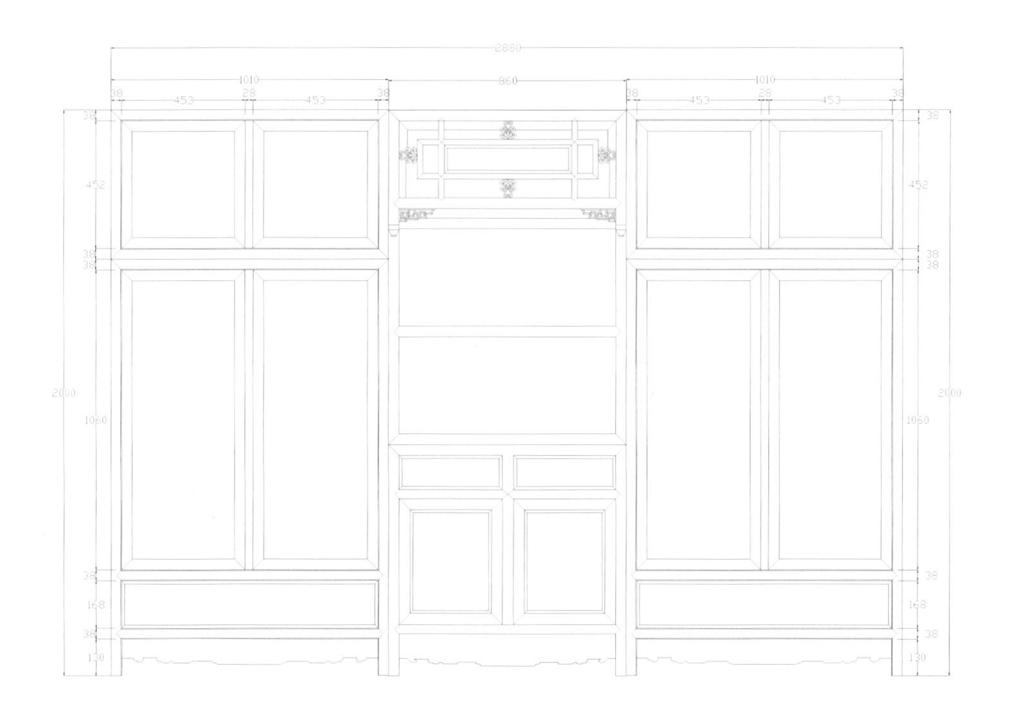

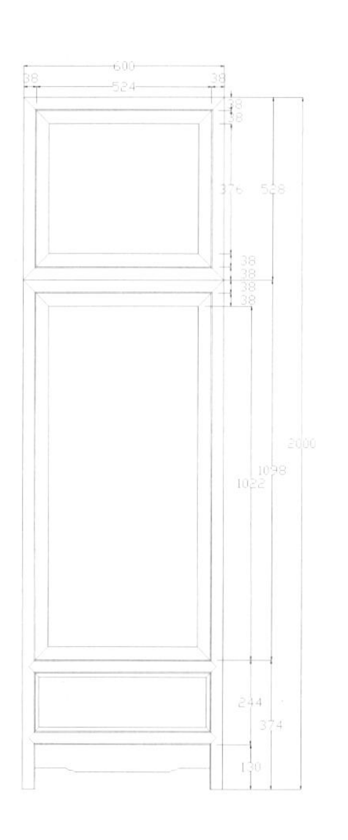

CAD 结构图

螭龙纹博古架

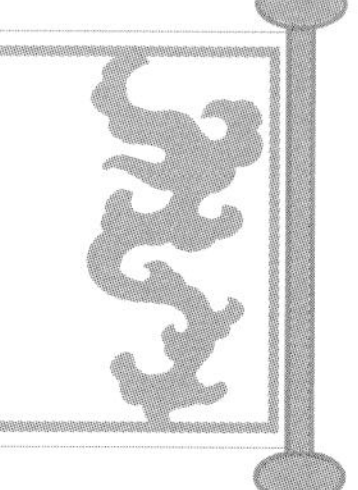

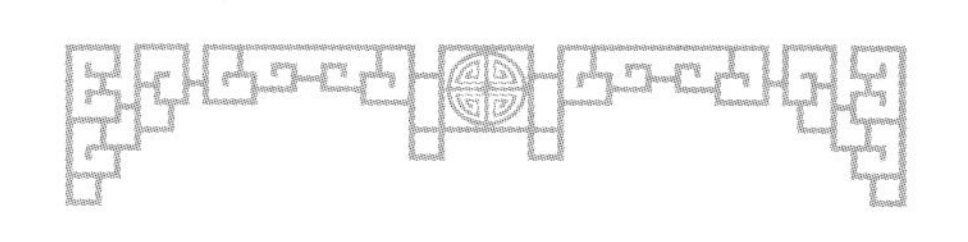

款式点评：

此博古架方正，柜身被分为数个空间，每个空间之间都装有金钱纹围子做装饰。其中屉面浮雕螭龙纹，下方柜面浮雕螭龙和螭凤纹。腿间有牙板，牙板浮雕螭龙纹与蝠纹。整体方正大气，美观实用。

透视图

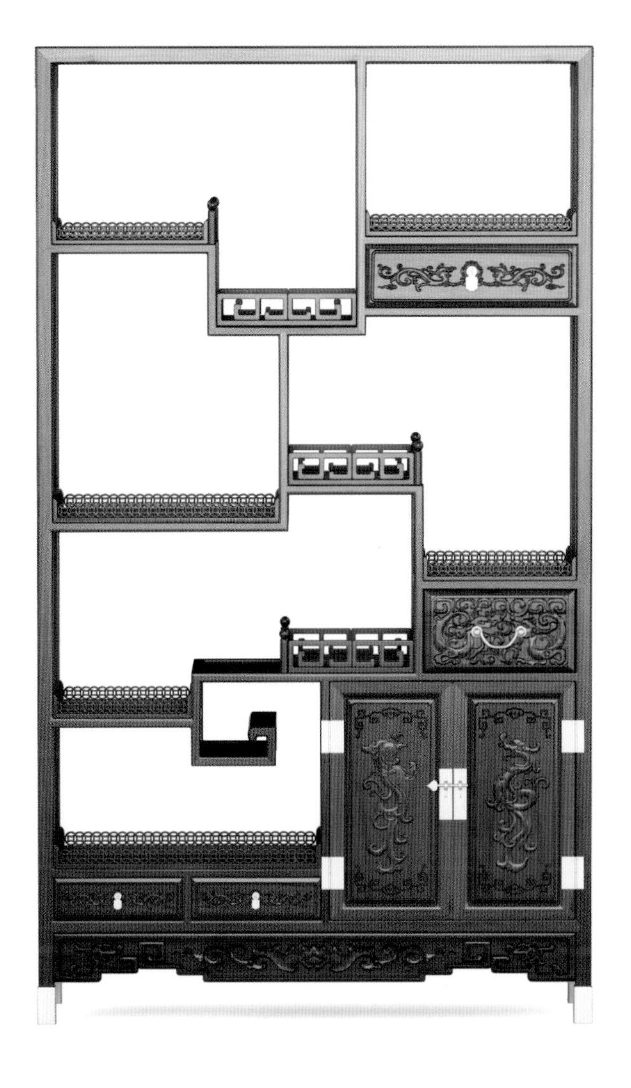

主视图

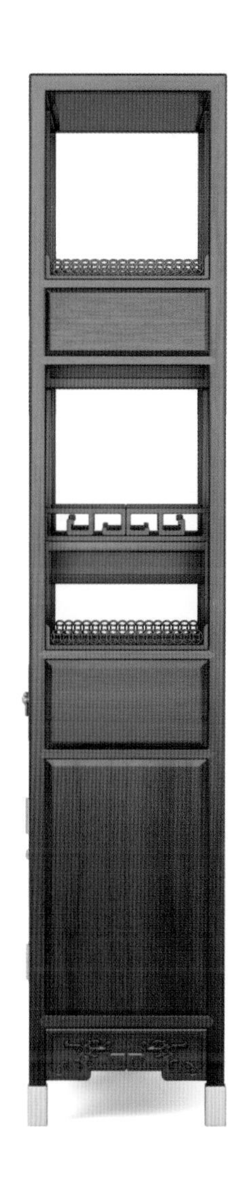

侧视图

精雕图

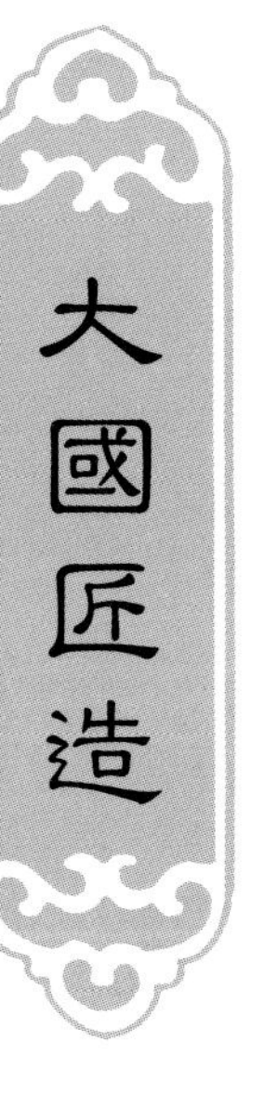
大國匠造

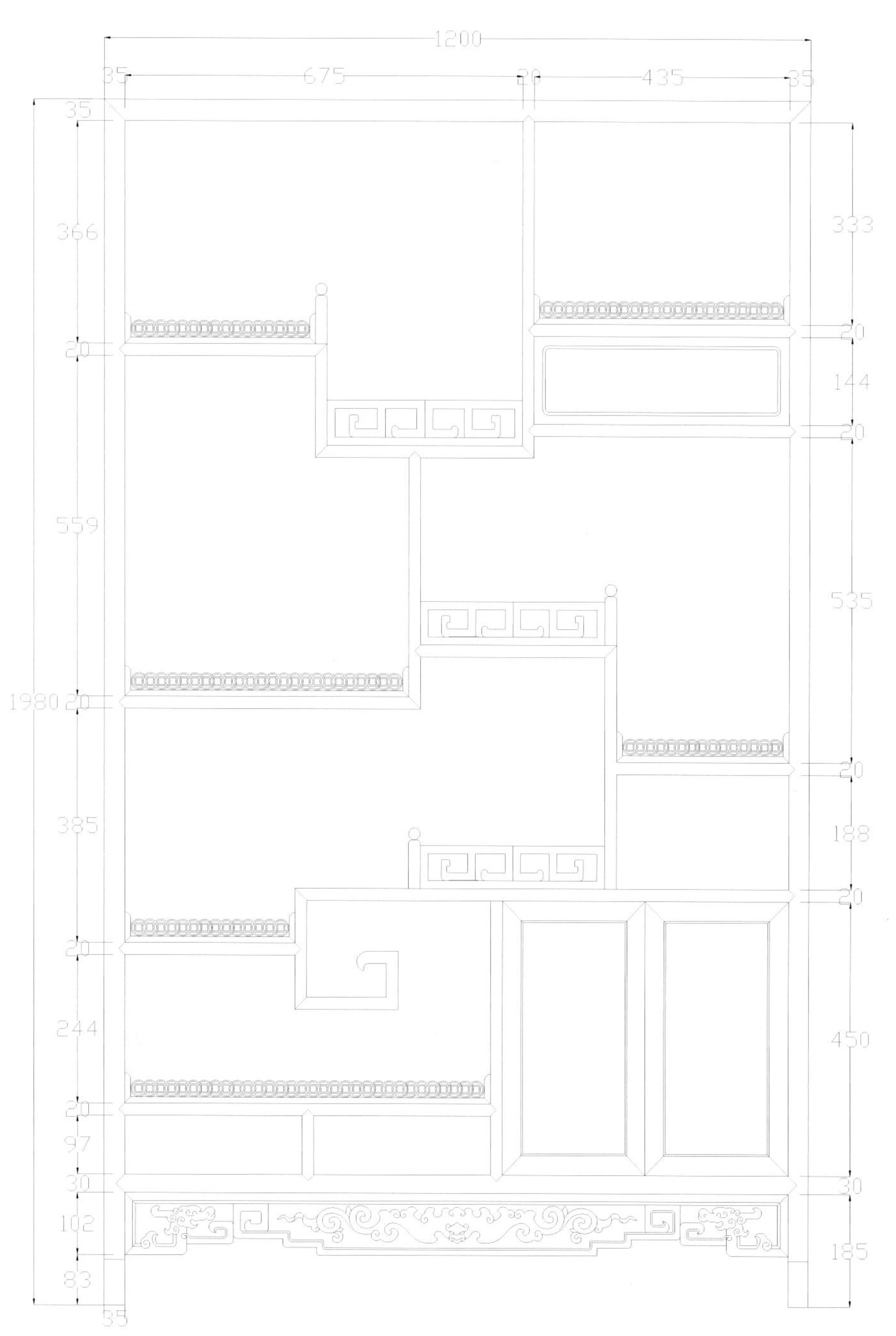
1200
35
675
20
435
35
35
366
20
559
1980
20
385
20
244
20
97
30
102
83
35
333
20
144
20
535
20
188
20
450
30
185

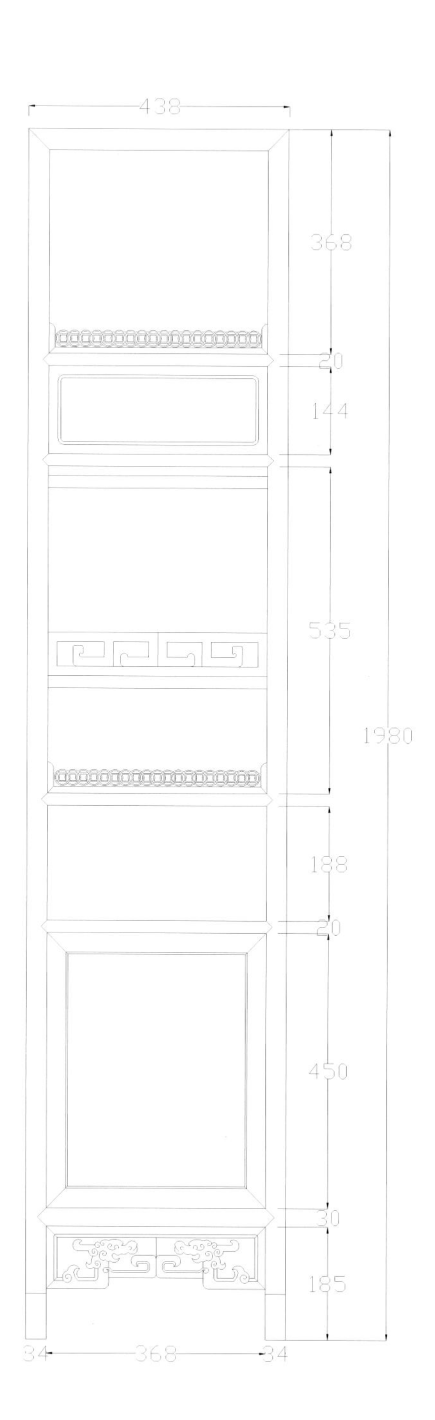
438
368
20
144
535
1980
20
188
20
450
30
185
34
368
34

CAD 结构图

寿字纹博古架

透视图

款式点评：

此博古架造型古朴，整体方正，中间透空，上方框架为圆形与回形纹相结合，分成若干置物空间。中间有柜，柜门透空，柜门板有透空雕花，下部两侧设小屉，屉面浮雕寿字纹。下部有柜与屉，侧面为回形结构。整体通透空灵，大气美观。

主视图

侧视图

精雕图

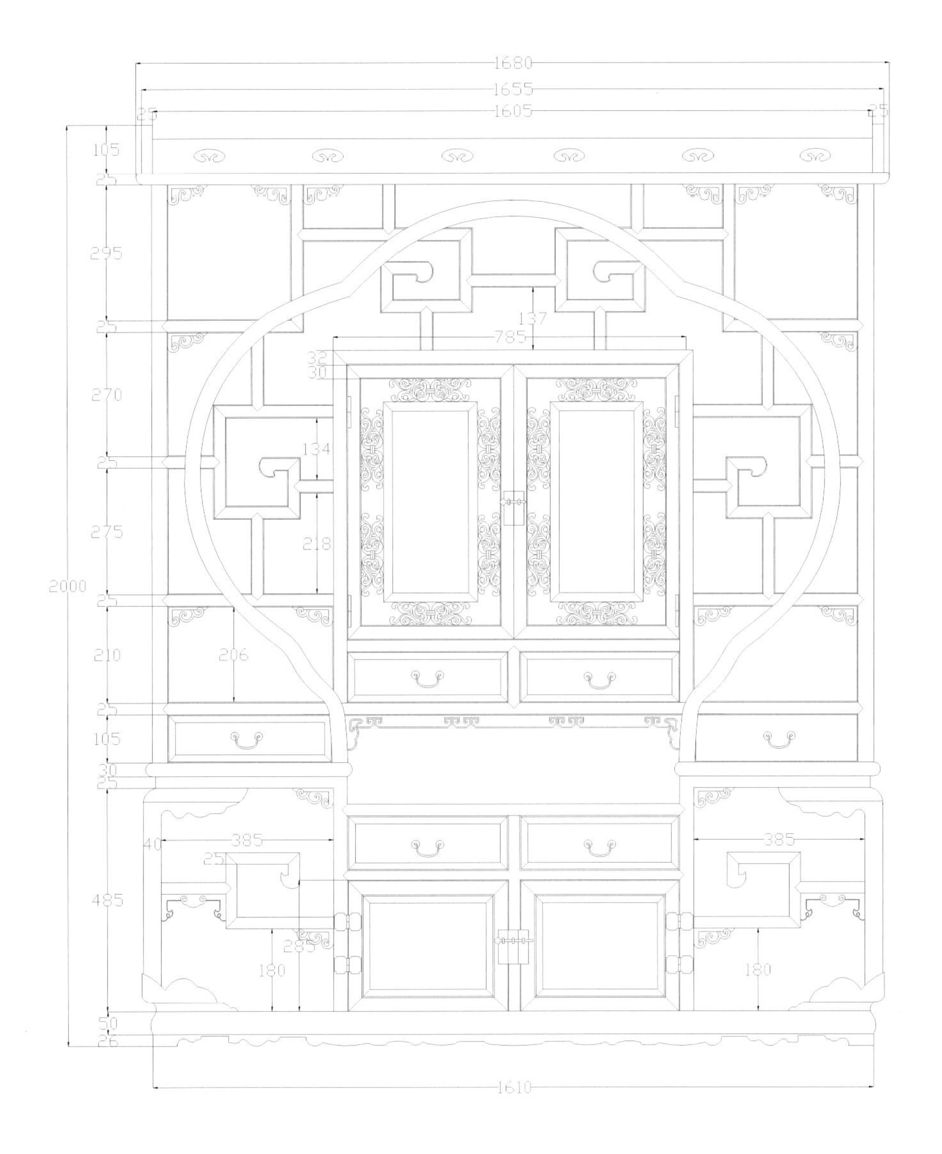
1680
1655
25
1605
25
105
25
295
25
270
25
275
2000
25
210
25
105
30
25
485
50
25
137
785
32
30
134
218
206
40
385
25
285
180
385
180
1610

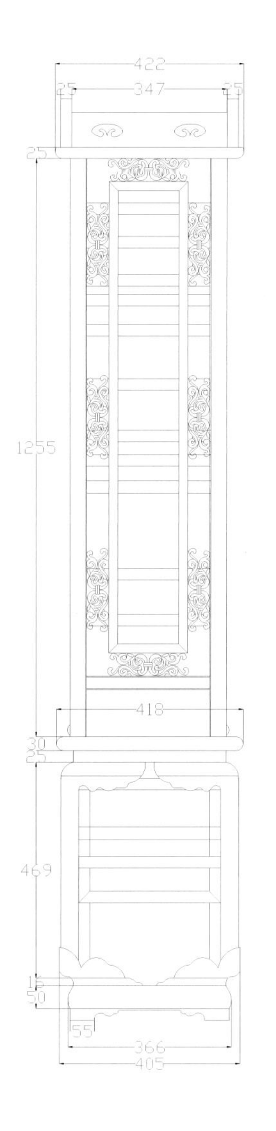
422
25
347
25
25
1255
418
30
25
469
15
50
55
366
405

CAD 结构图

櫃
格
類

菩提多宝阁

透视图

款式点评：

此多宝格整体为方形，内为圆形。方形区域被分为数个空间。各个区域都有角花。正中顶部有扇形区域浮雕菩提传道图。圆形区域内嵌圆环。多宝格侧边有单柜，下有双屉，柜面屉面浮雕花纹与八宝纹。整体大气美观。

主视图

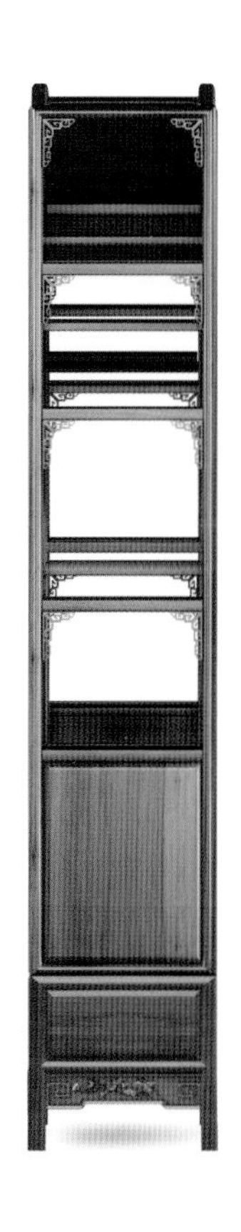

侧视图

精雕图

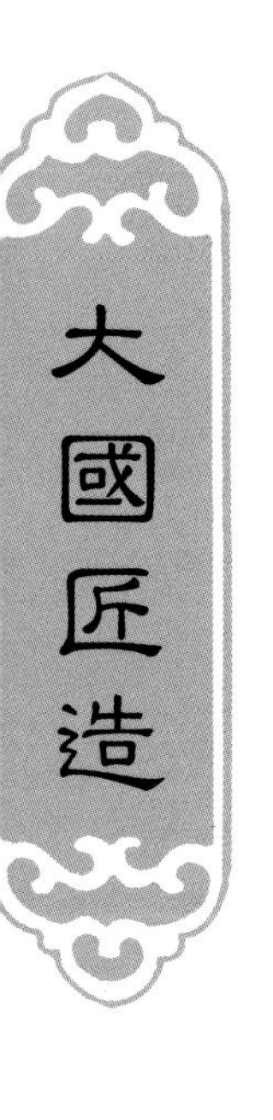

CAD 结构图

圆形多宝阁

透视图

款式点评：

此多宝格整体为圆形，造型优美。圆形的中间被分为数个空间。多宝格下有两屉，屉面浮雕纹式。托脚为圆形内卷，牙板不规则透空，整体线条优美，给人视觉上的新颖享受。

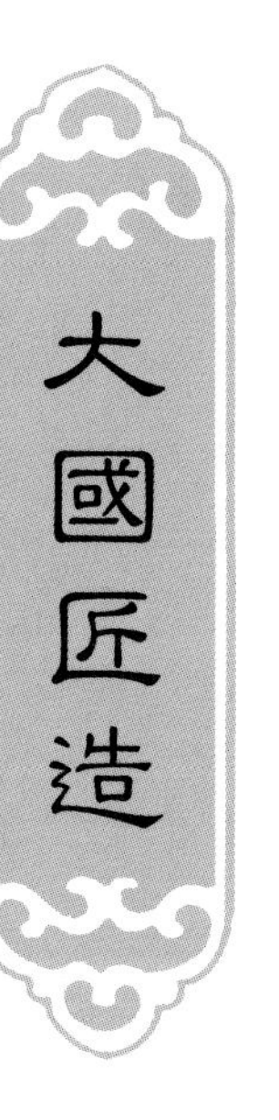

主视图

侧视图

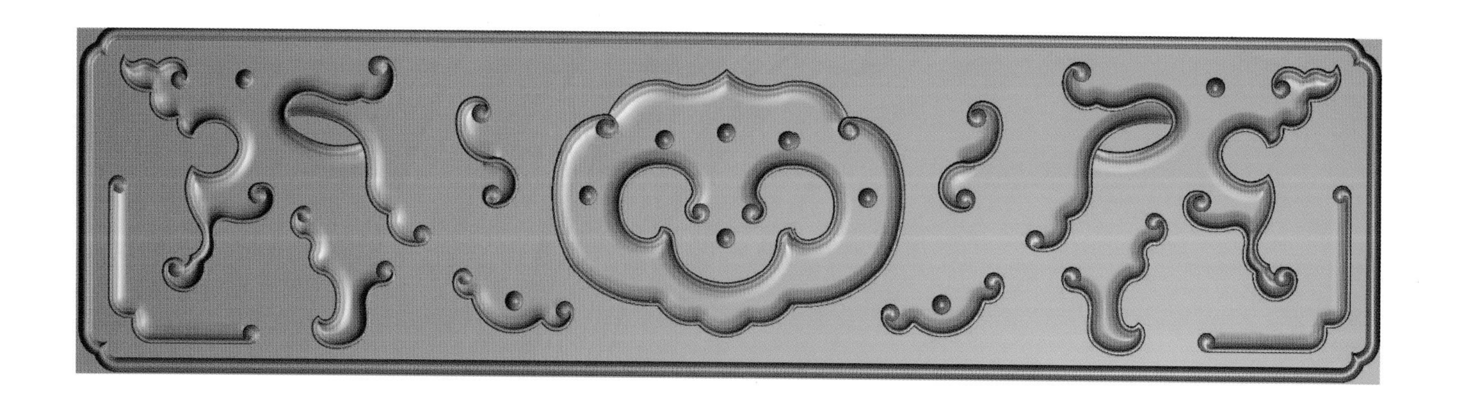

精雕图

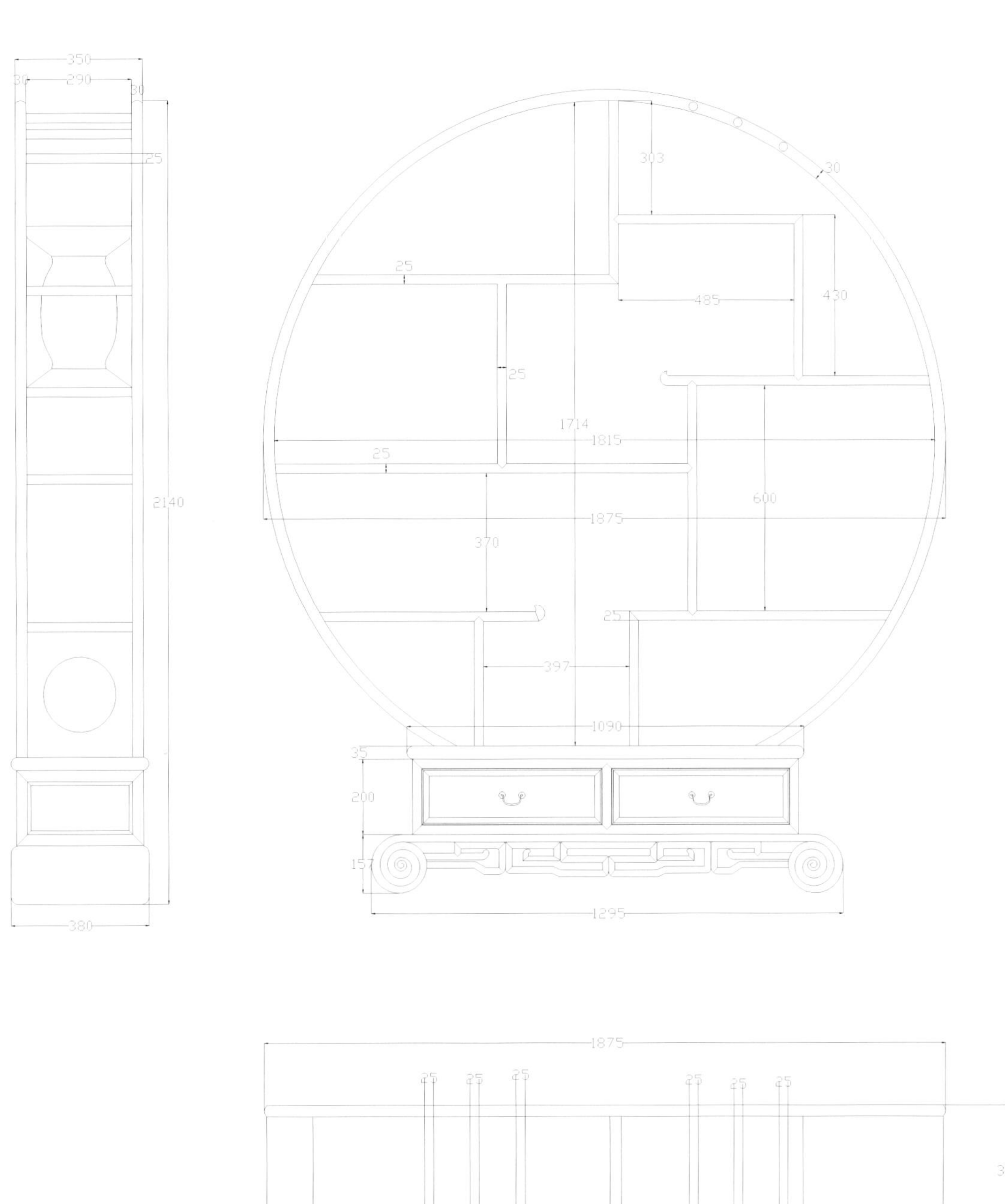
350
30
290
30
25
2140
380
303
30
25
485
430
25
1714
1815
25
1875
600
370
25
397
1090
35
200
157
1295

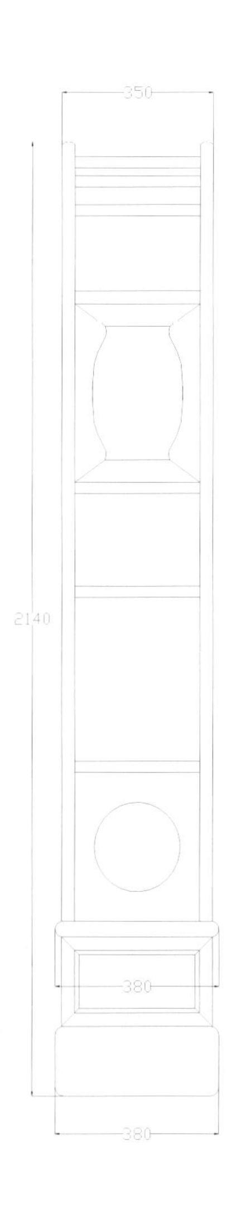
350
2140
380
380

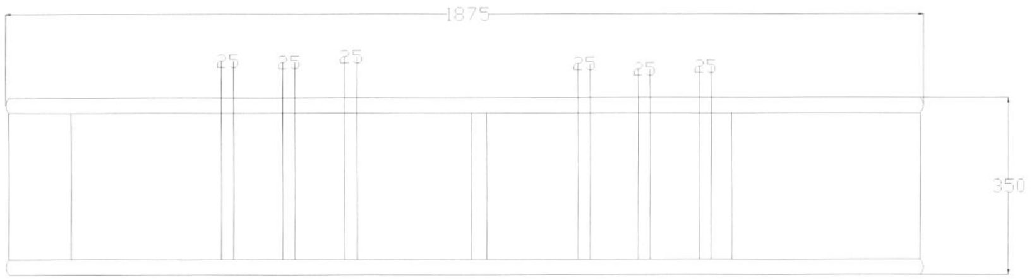
1875
25
25
25
25
25
25
350

CAD 结构图

櫃格類

回 纹 书 柜

透视图

款式点评：

此柜体型较大，七投立方式。共分为三部分。左右两边是两个书柜，书柜上方为格子，中部为屉，屉下有柜，屉面柜面均浮雕纹式，腿间有牙板，牙板浮雕回纹与卷草纹。书柜中间部分为多宝格。上方整体为圆形多宝格，内做回纹造型。格下部有三屉，底部两侧有两竖柜，中间做空，下有四屉，屉面浮雕回纹。整体雕饰精巧，美观大方。

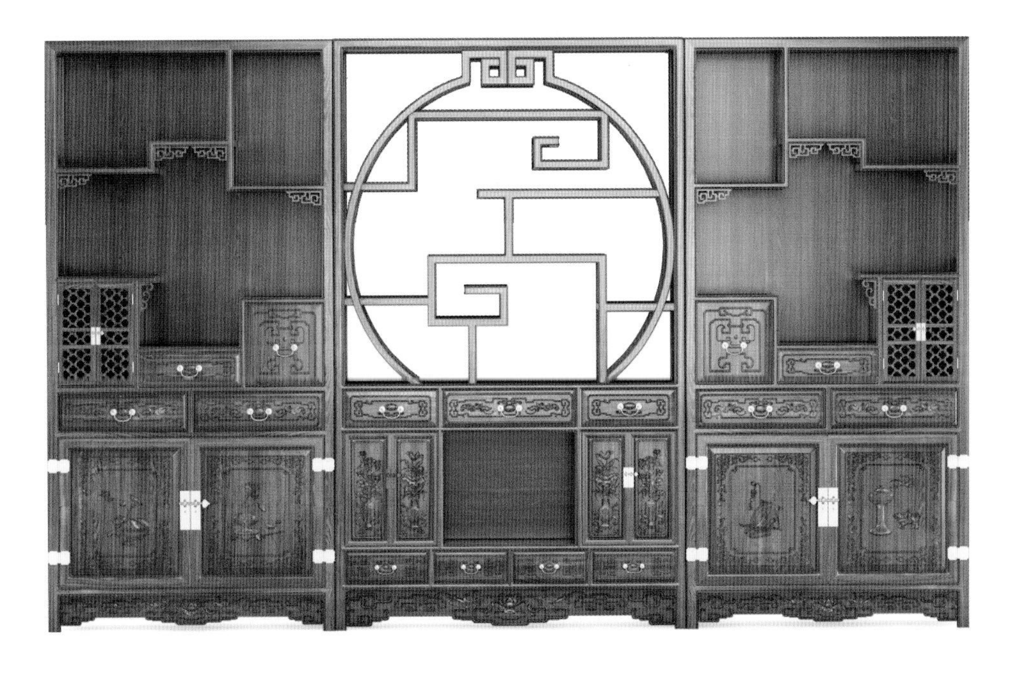

主视图

侧视图

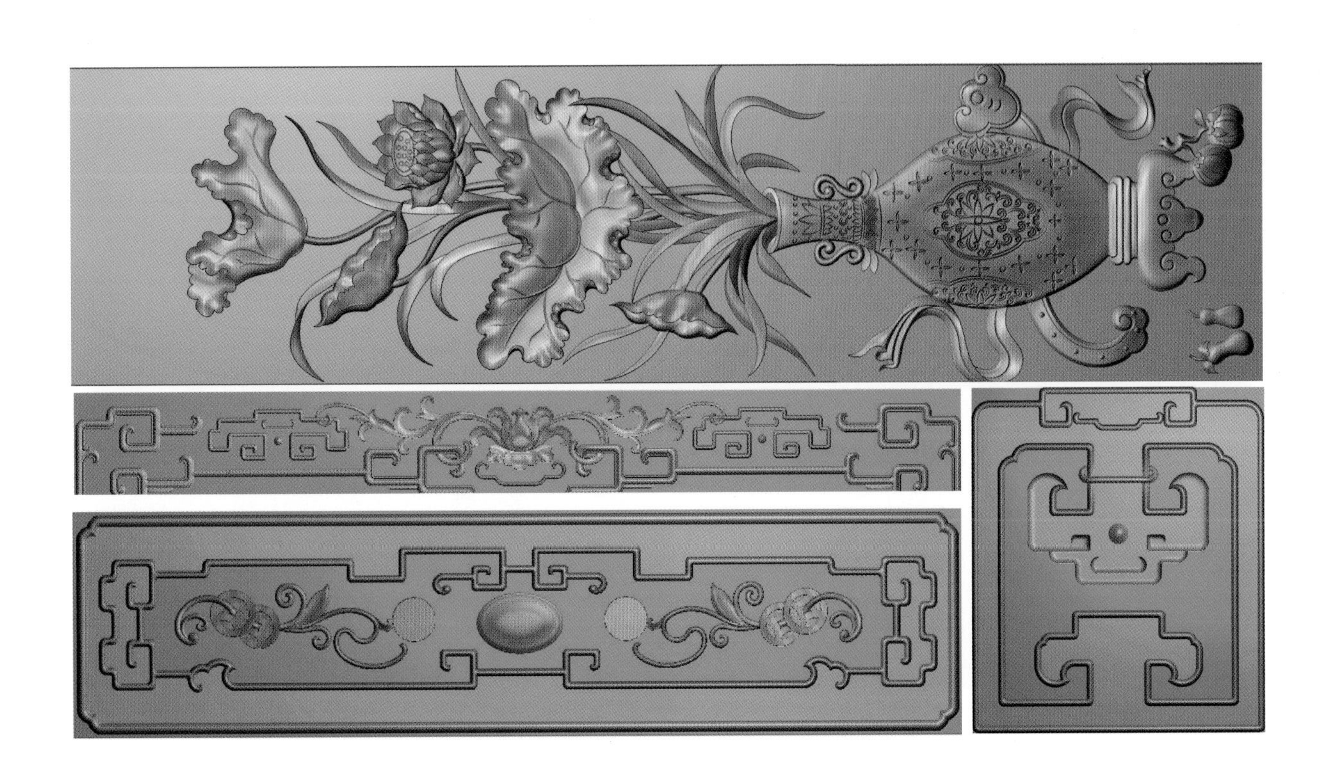

精雕图

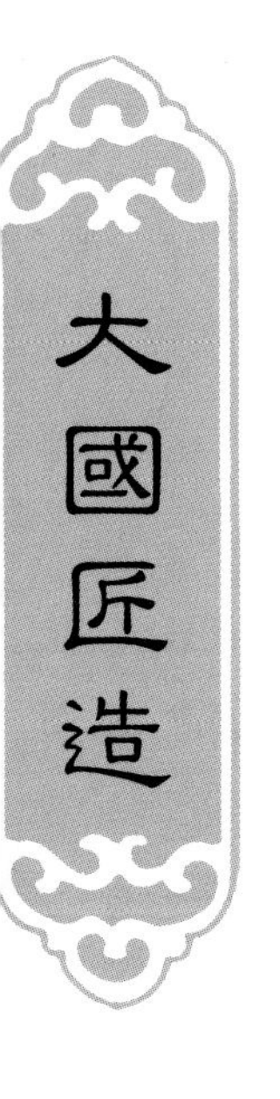
大國匠造

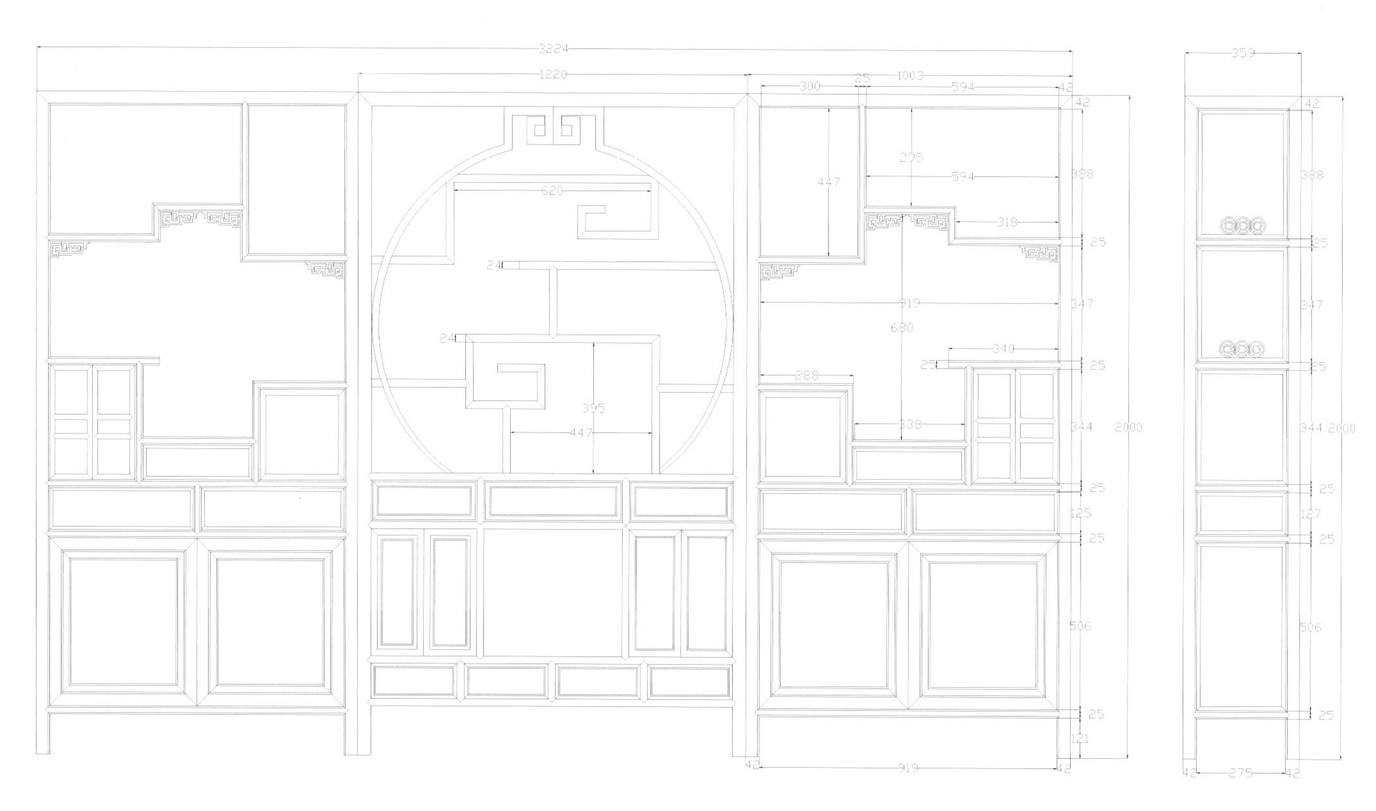
3224
1220
300
25
1003
594
42
359
620
447
295
594
318
388
25
347
919
680
340
288
395
447
338
344
2000
125
127
506
121
919
275

CAD 结构图

多 宝 阁 01

透视图

款式点评：

此阁造型古朴，整体方正，中间透空，上方框架为圆形与回形纹相结合，分成若干置物空间。下部两侧设小屉，屉面浮雕花纹。下部有托架。整体通透空灵，大气美观。

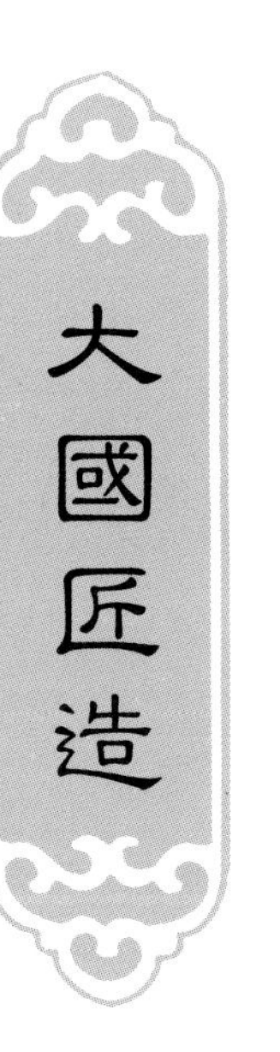

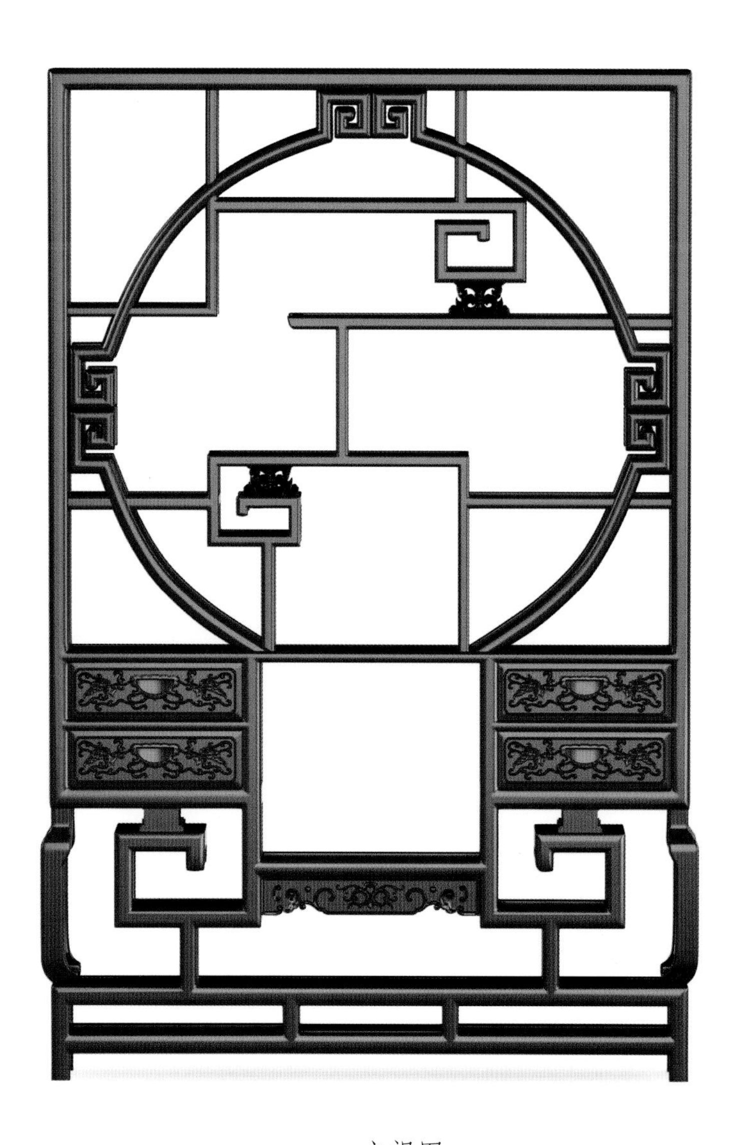

主视图

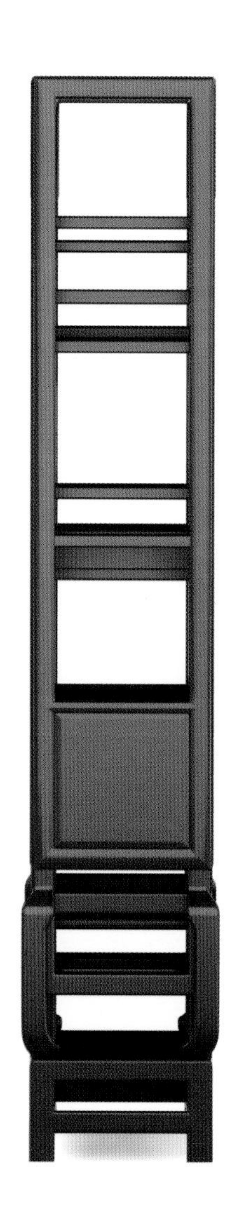

侧视图

精雕图

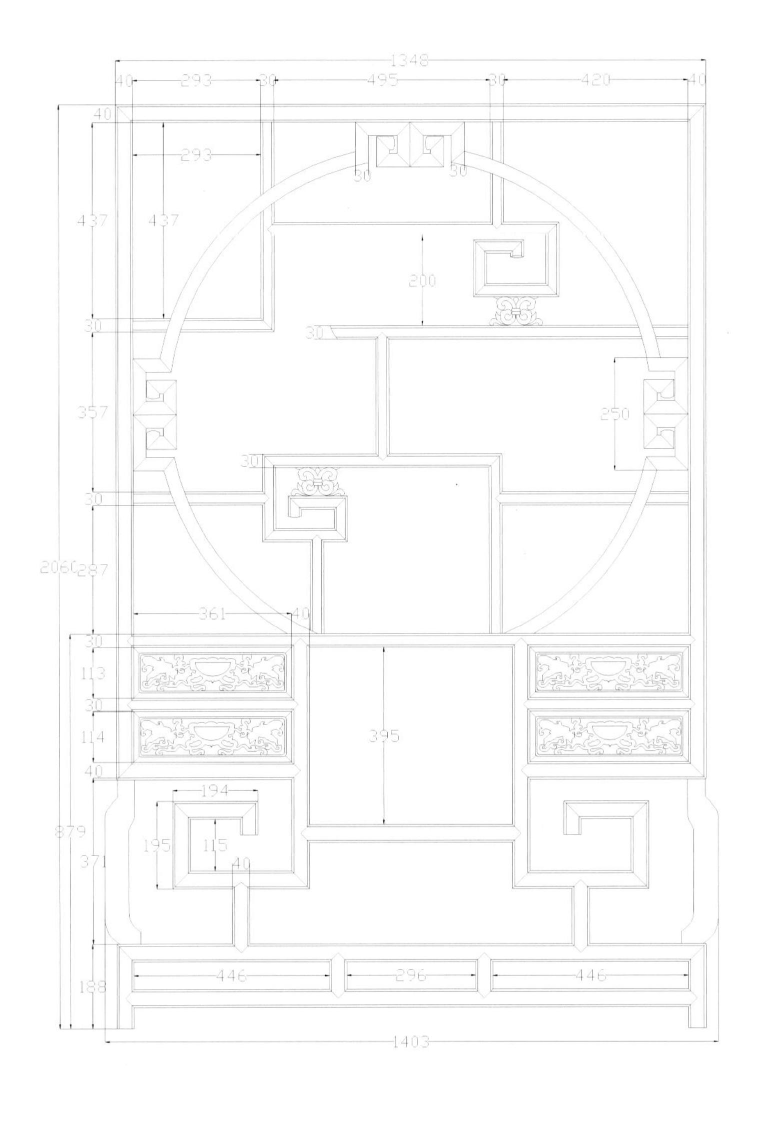
1348
40
293
30
495
30
420
40
40
293
30
30
437
437
200
30
30
357
250
30
30
2060
287
361
40
30
113
30
114
40
395
194
879
195
115
40
371
188
446
296
446
1403

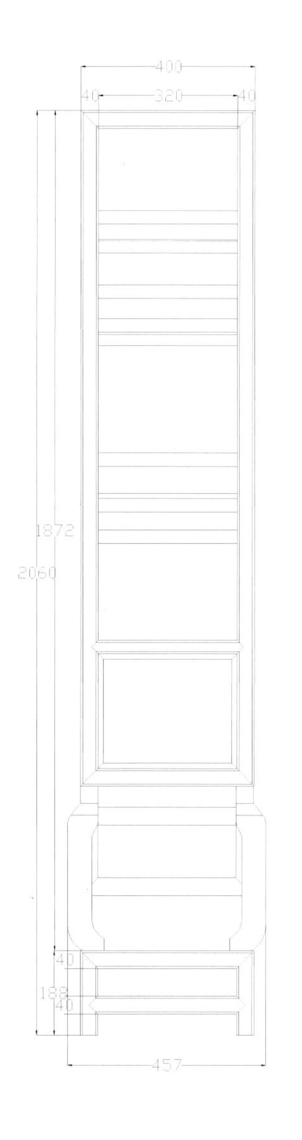
400
40
320
40
1872
2060
40
188
40
457

1403
75
400

CAD 结构图

櫃格類

多宝阁 02

透视图

款式点评：

此多宝格造型方正。柜身被分为数个空间，中间为圆形。在架子下方装有屉，屉脸雕有纹饰。屉下有柜，柜面浮雕山水纹式，整体显得空灵简洁。腿间有罗锅枨加矮老。整体简洁明快，美观实用。

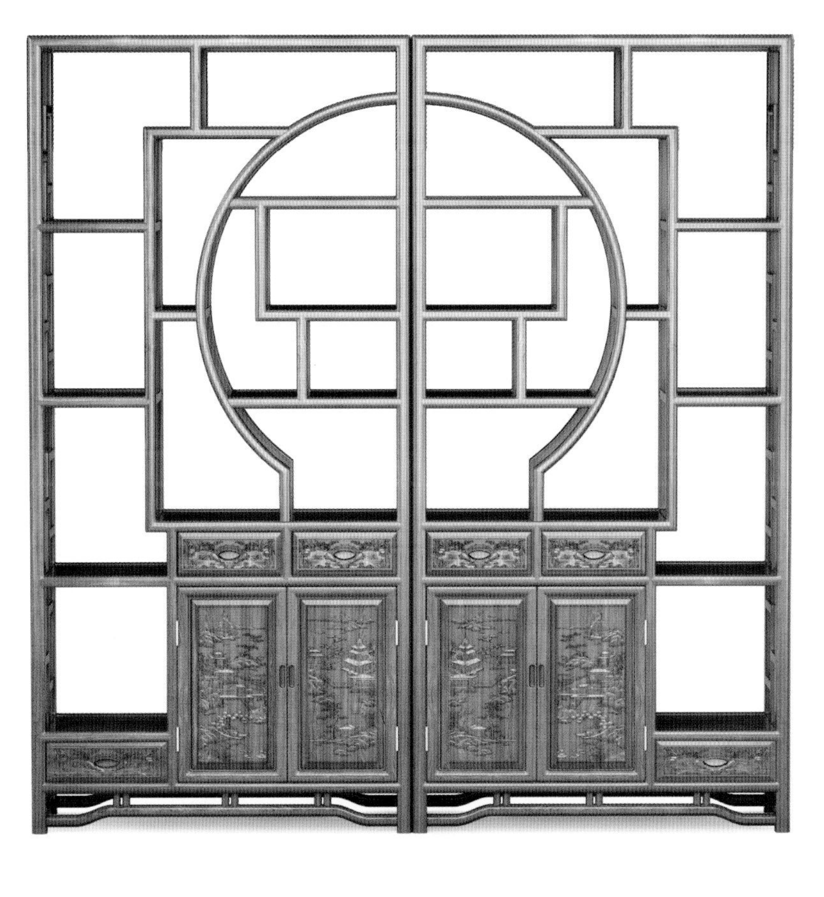

主视图

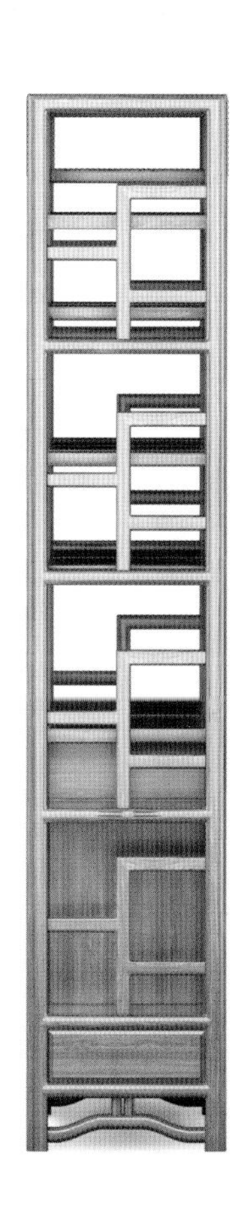

侧视图

精雕图

大國匠造

980
980
35
197
412
212
30
260
5
410
200
30
2000
297
425
118
30
315
365
370
20
113
20
105
35
1965

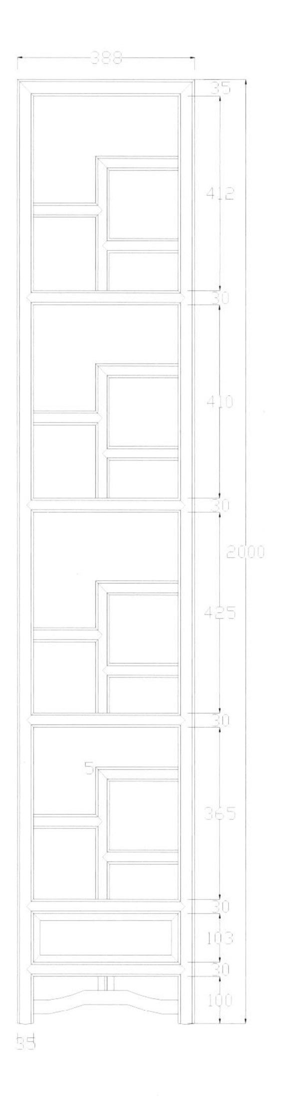

388
35
412
30
410
30
2000
425
30
5
365
30
103
30
100
35

5
35
387
980
980
1965

CAD 结构图

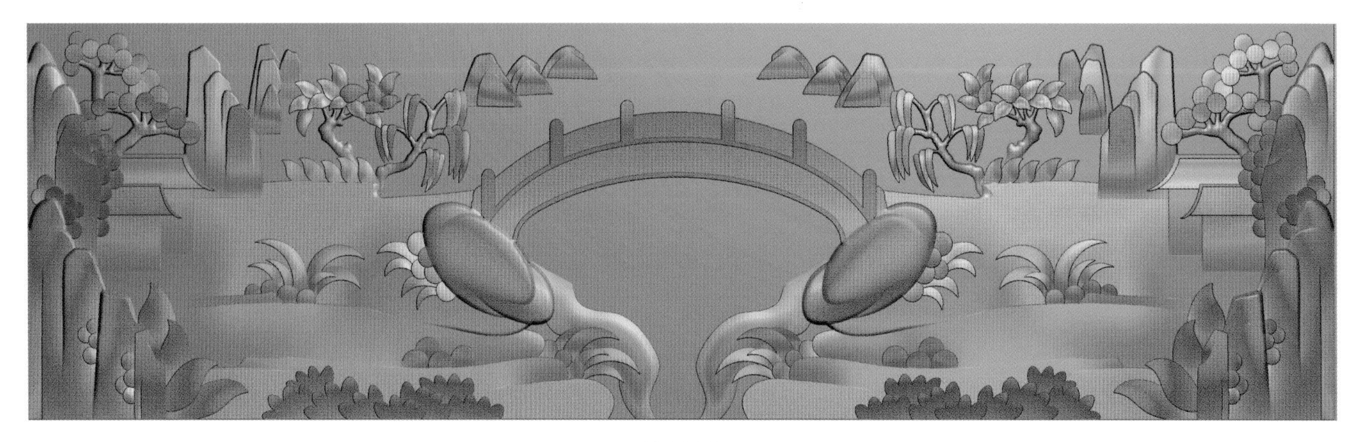

精雕图

多 宝 格 03

透视图

款式点评：

此多宝格造型方正。柜身被分为数个空间，造型简洁无雕饰。在架子下方装有屉，屉脸雕有松鹤纹。屉下有柜，外侧做空处理，显得空灵简洁。腿间有角花，方腿直足。简洁空灵，给人视觉上美的享受。

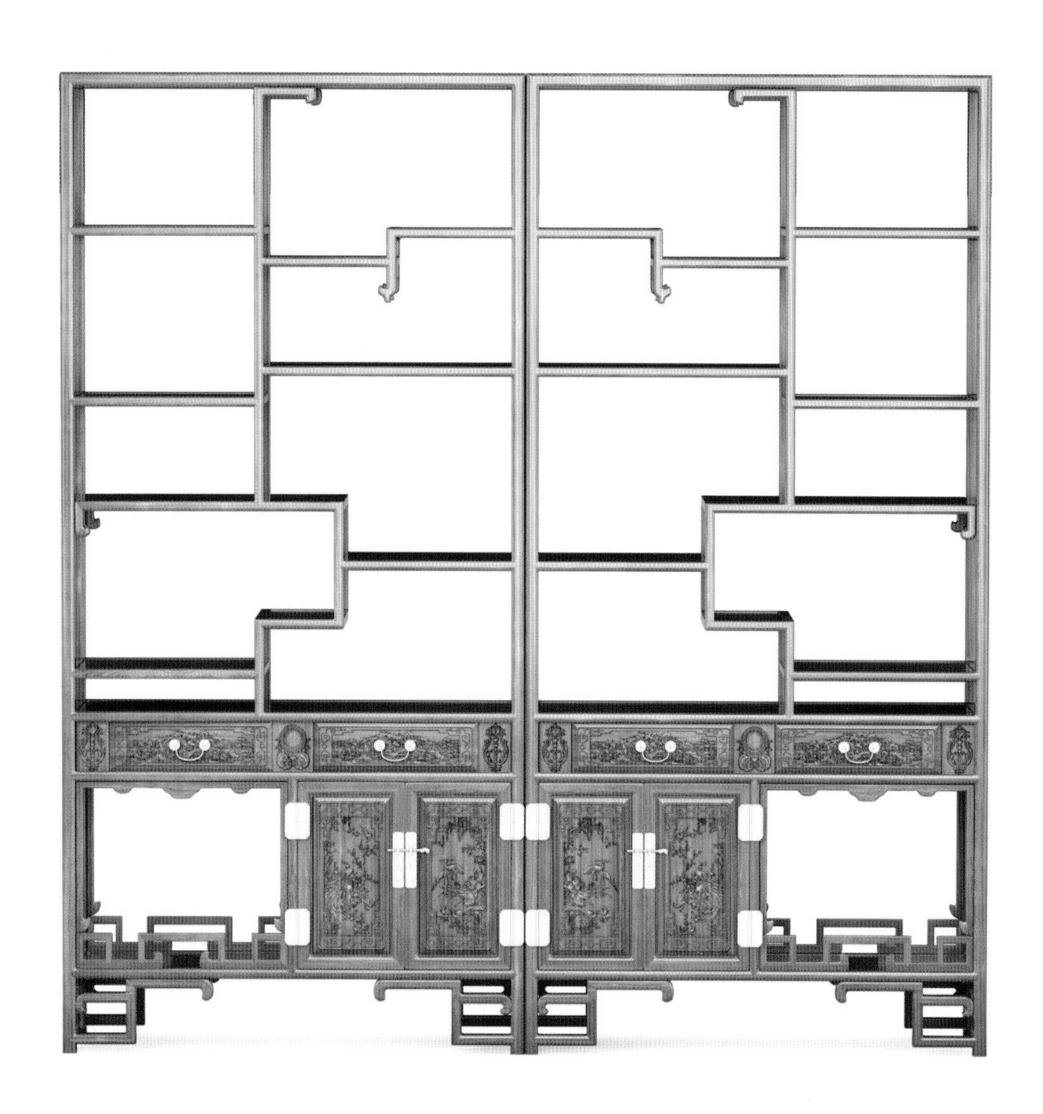

主视图

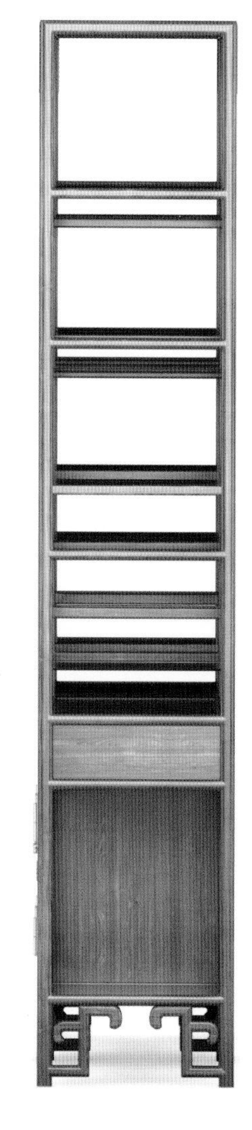

侧视图

精雕图

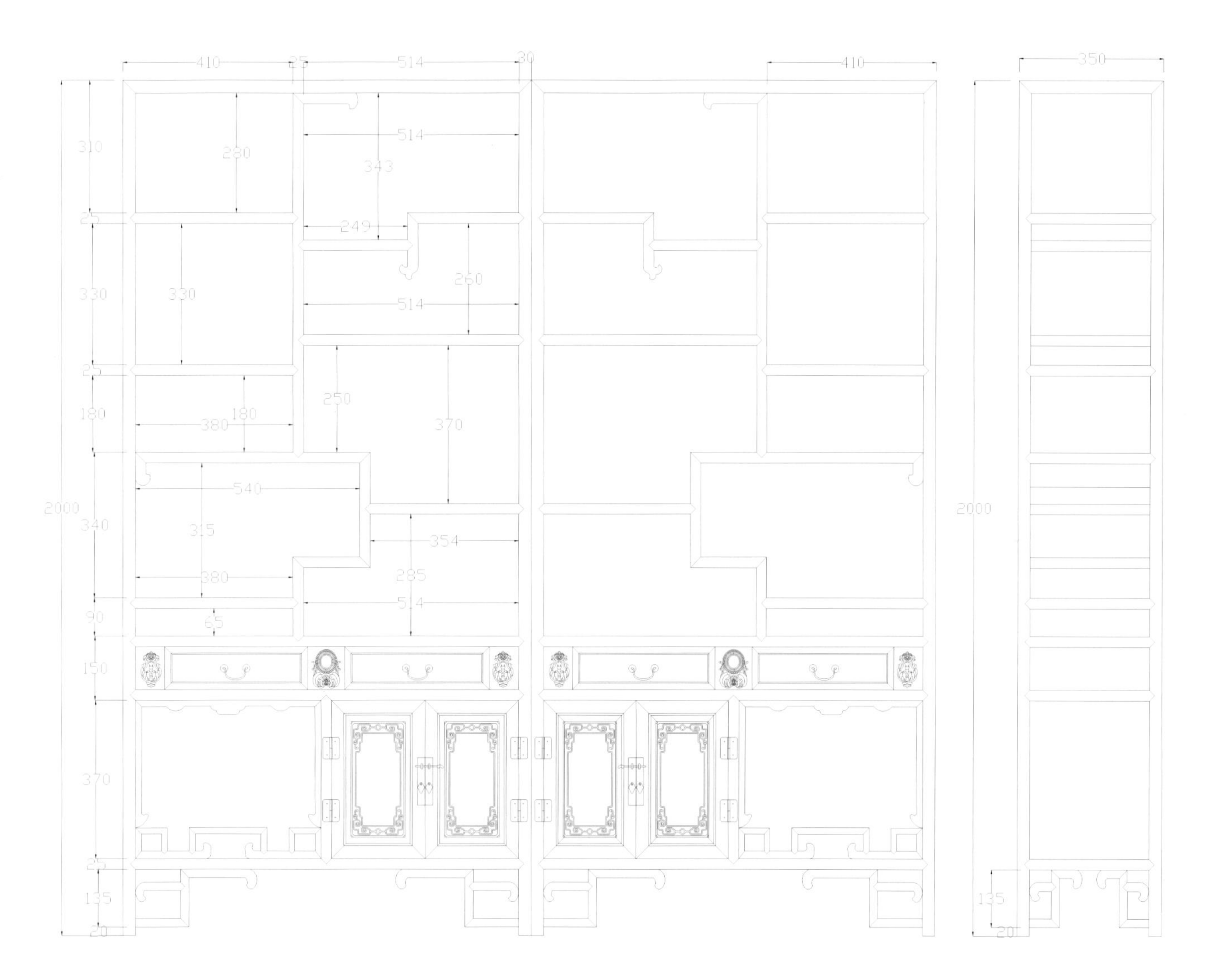

410
25
514
30
410
350
310
280
514
343
249
330
330
260
514
25
180
380
180
250
370
2000
340
540
315
354
380
285
90
514
65
150
370
25
135
20
2000
135
20

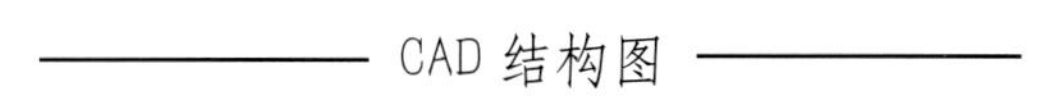
CAD 结构图

櫃格類

福庆文多宝阁

透视图

款式点评：

此阁古朴大气，上方是圆形的框架，用隔板分成多个置物空间。隔板之间透空处理。其下是屉与柜，柜面浮雕灵芝福庆纹。正中柜面为梳条状，圆腿直足。腿间有横枨。

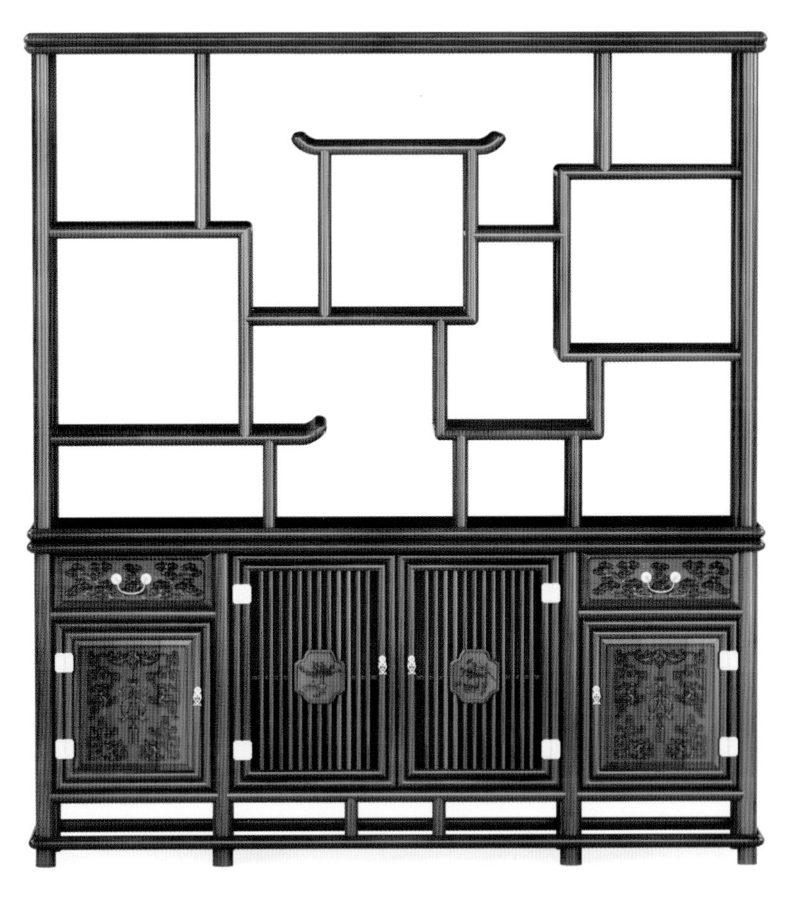

主视图

侧视图

精雕图

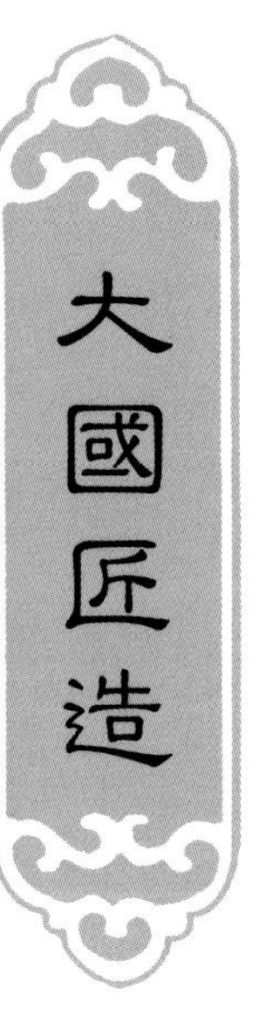
大國匠造

1865
50
425
370
332
375
275
435
435
485
480
465
270
350
160
370
2040
540
200
260
410
60
140
25
830
445
830
30
50
45
377
350
2040
60
770
3
50

CAD 结构图

龙凤多宝阁

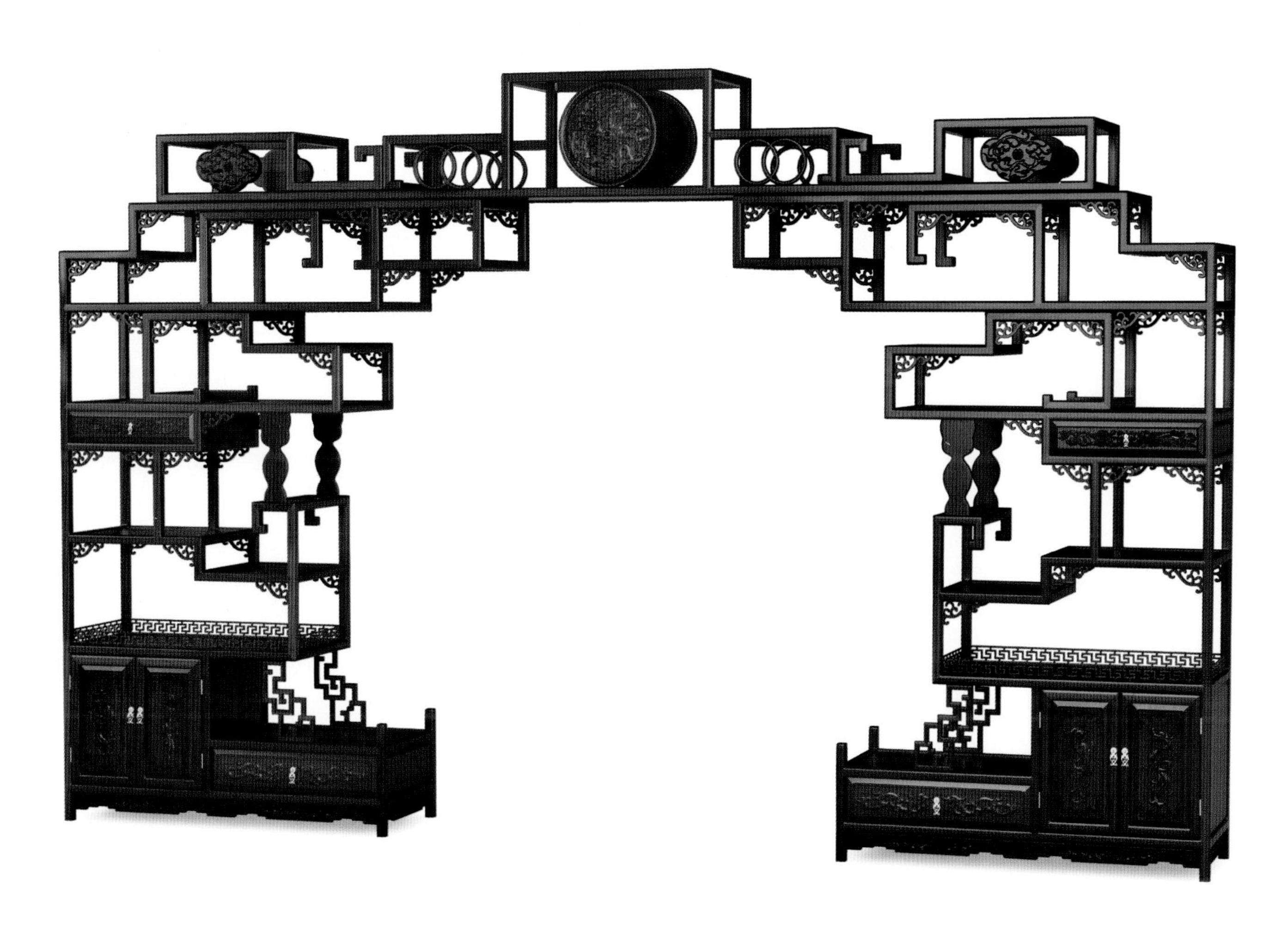

透视图

款式点评：

此阁造型古朴，整体较宽，中间透空，上方正中圆形浮雕龙凤纹。整体用隔成多个置物空间。框架中间有两屉，框架下皆有角花相连。底层有两柜与屉，面浮雕龙凤纹，整体大气空灵，适合大空间使用。

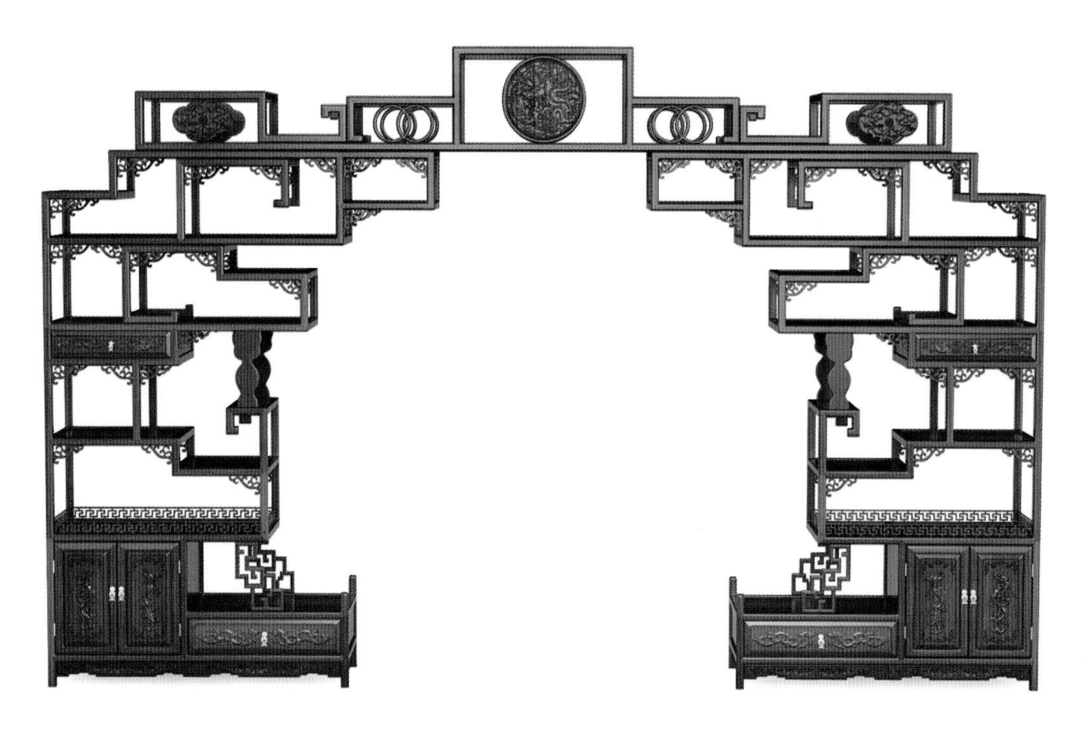

主视图

侧视图

精雕图

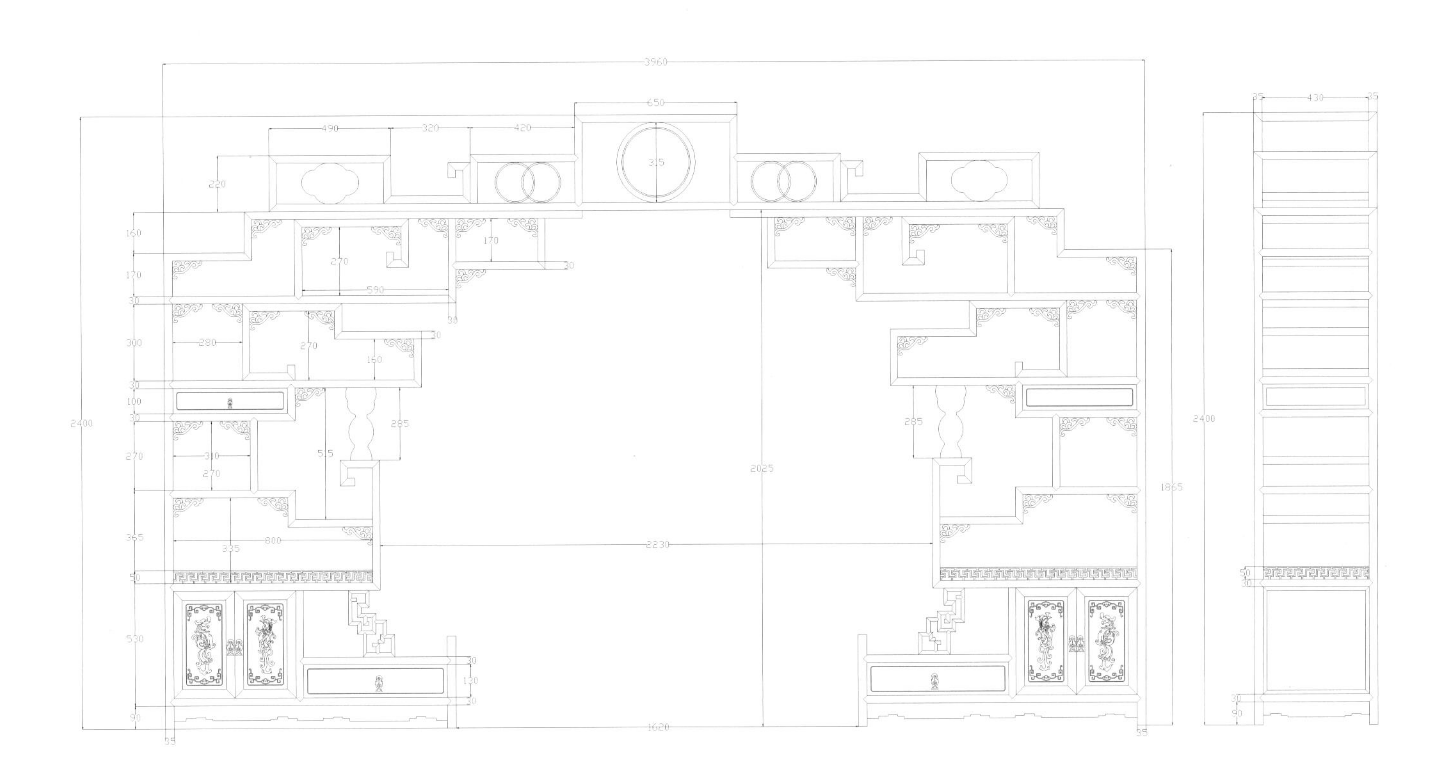

CAD 结构图

梅花形多宝阁

透视图

款式点评：

此阁造型别致，整体是圆形的框架，用横枨格成多个置物空间。格子之间有挡板，挡板有梅花形透空，圆形透空，扇形透空。多宝格下有两屉。下有束腰，方腿直足。

主视图

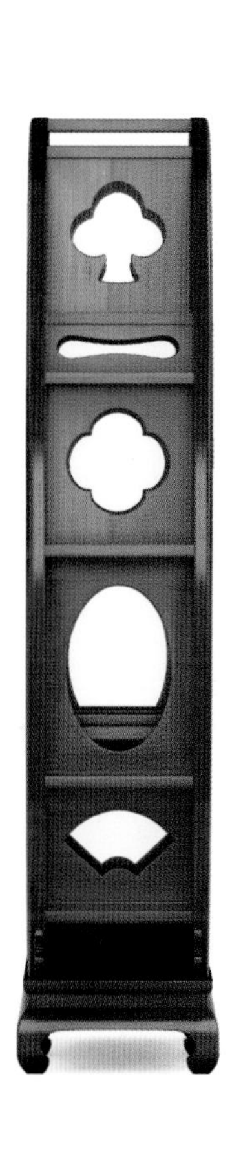

侧视图

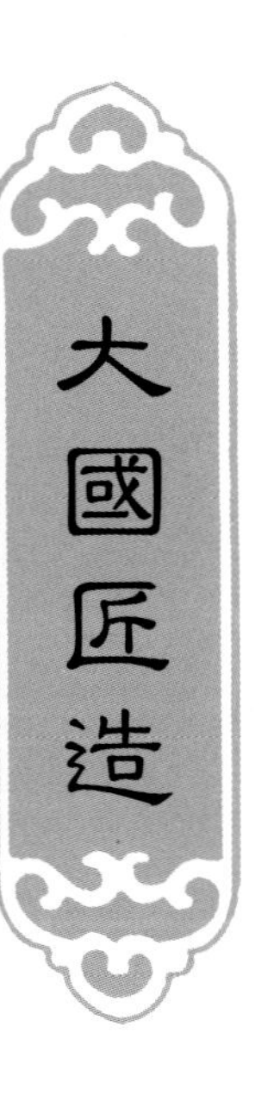

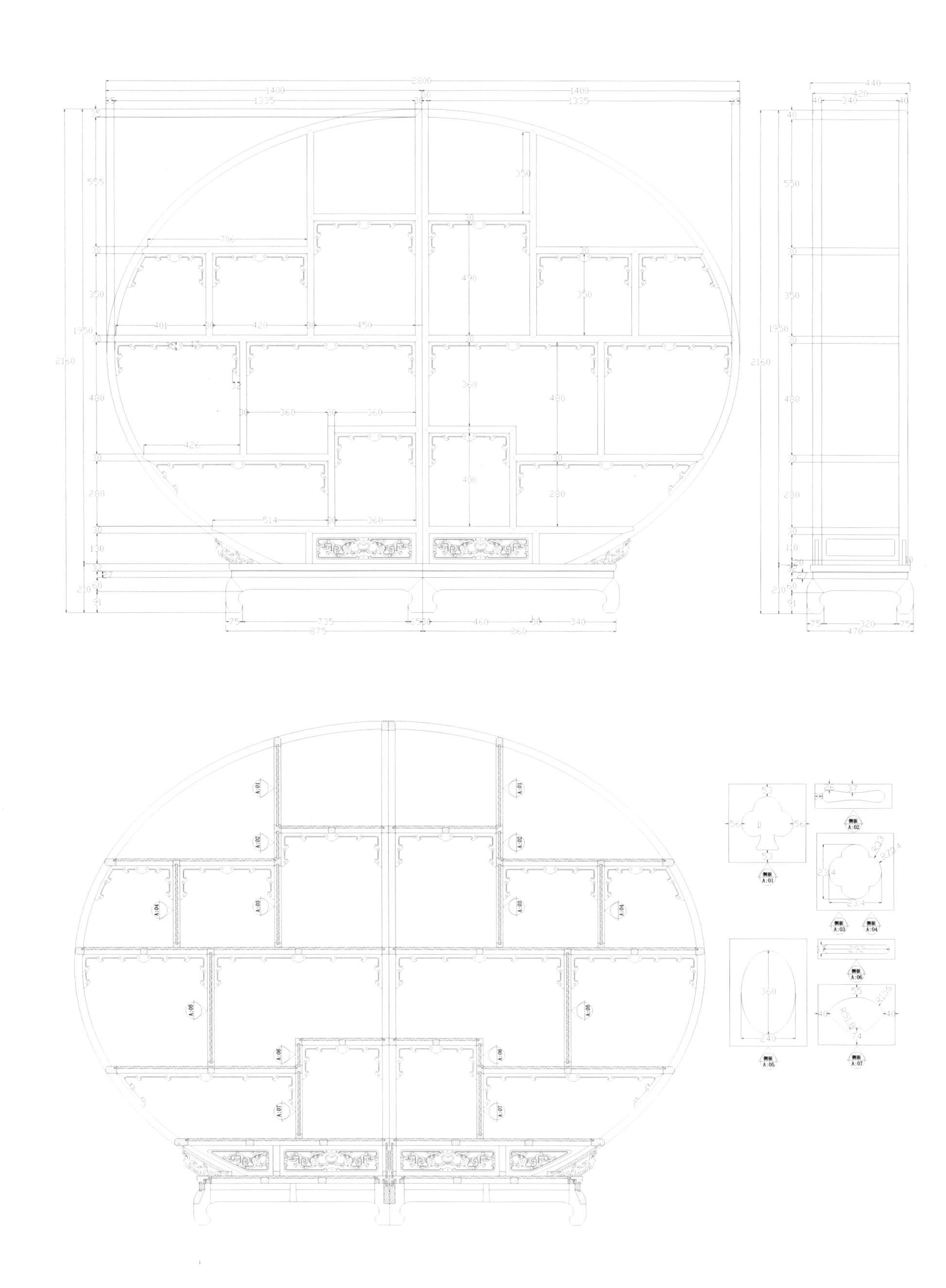

CAD 结构图

凤 庆 书 柜

透视图

款式点评：

此柜体型较大，柜顶向外喷出，下有束腰。共分为三部分。左右两边是两个书柜，书柜上方有双顶箱，顶箱有镂空圈口，下有柜，柜门镂空。书柜中间有两屉，屉脸雕卷草纹，屉下是对开门的柜子，柜门浮雕西番莲花纹。中间部分为多宝格。格中下部有双屉，底部两侧有两竖柜，有四屉，屉面浮雕西番莲纹。整体雕饰精巧，美观大方。

主视图

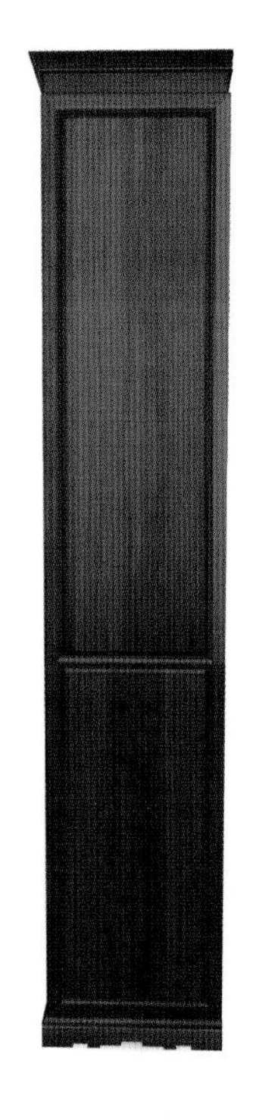

侧视图

精雕图

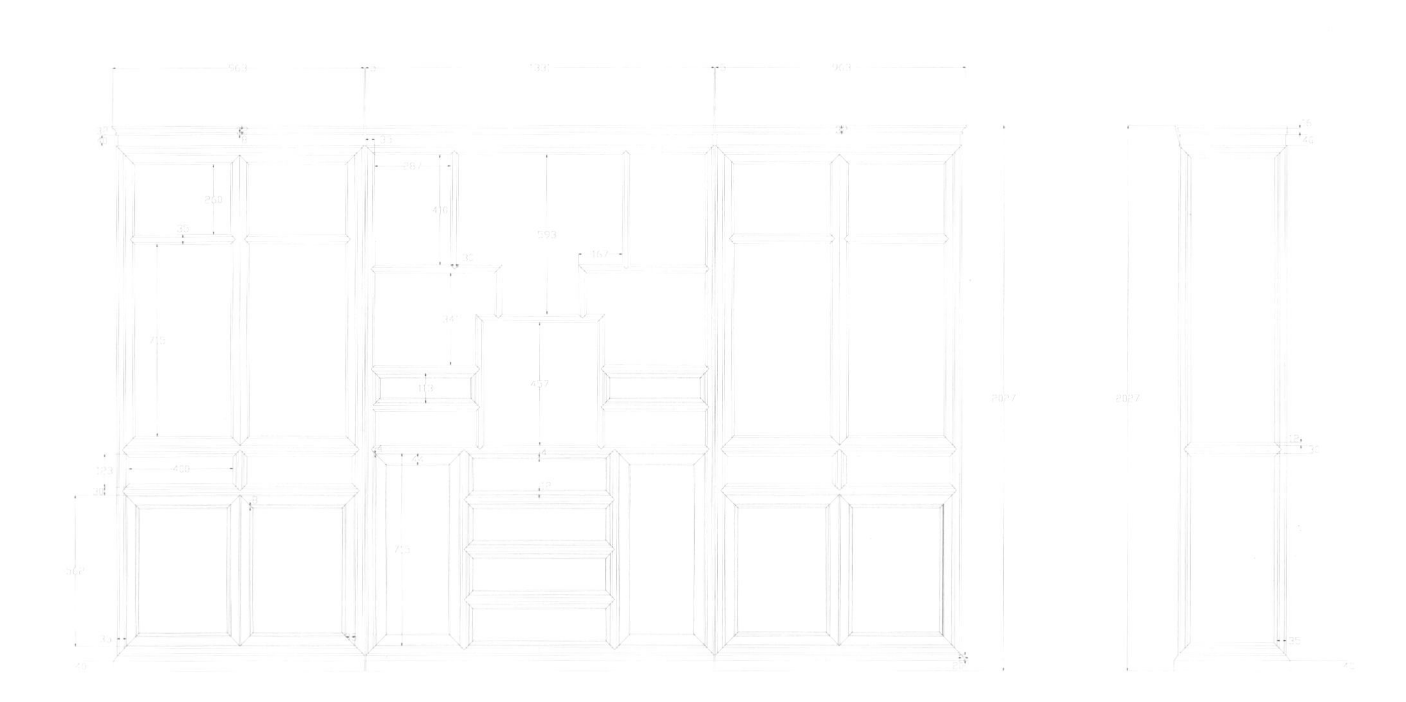

CAD 结构图

梅兰竹菊书柜

透视图

款式点评：

此柜体型较大，齐头立方式，共分为三部分。左右两边是两个书柜，书柜上方柜门镂空，柜面有角花。书柜中间有两屉，屉脸雕花纹，屉下是对开门的柜子，柜门浮雕梅兰竹菊纹。中间部分上面为多宝格。整体美观实用。

主视图

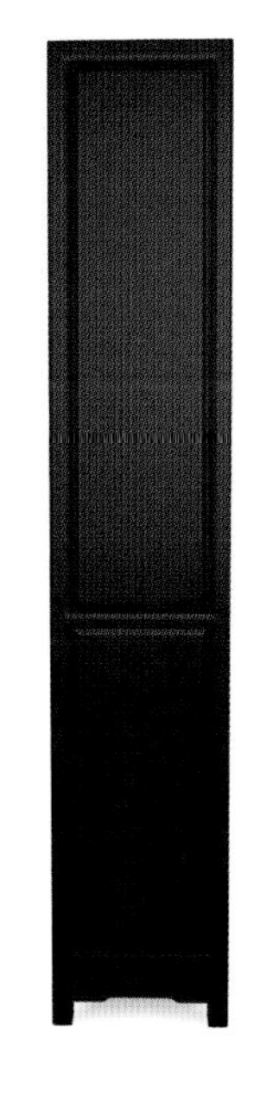

侧视图

精雕图

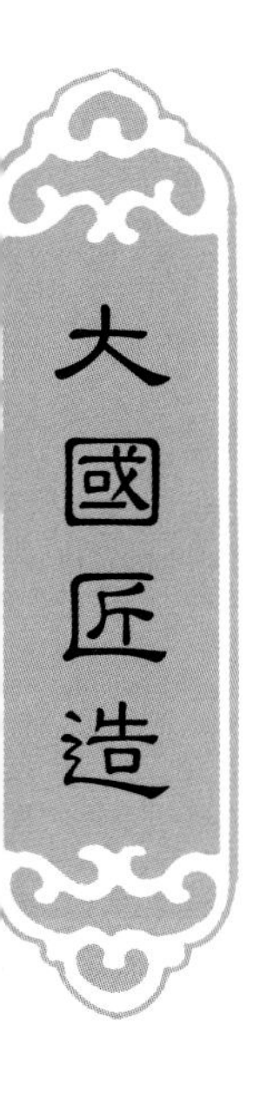

CAD 结构图

云　龙　书　柜

透视图

款式点评：

此柜体型较大，齐头立方式，共分为三部分。左右两边是两个书柜，书柜上方柜门镂空，柜面窗棂格形。书柜中间有两屉，屉脸雕云龙，屉下是对开门的柜子，柜门浮雕云龙纹。中间部分为多宝格。格下有双屉。整体美观大气。

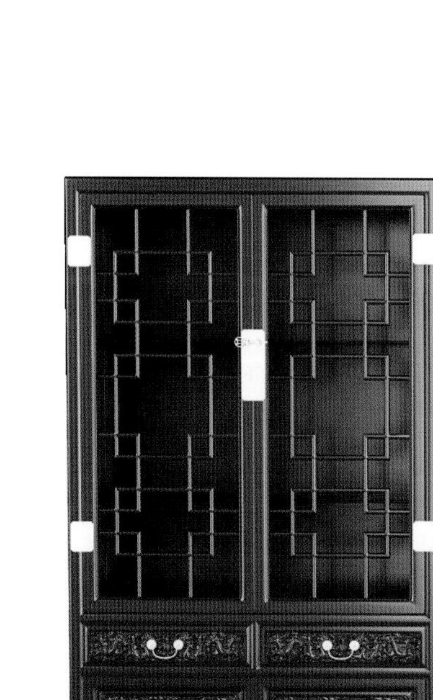

主视图

侧视图

精雕图

CAD 结构图

花鸟浮雕书柜

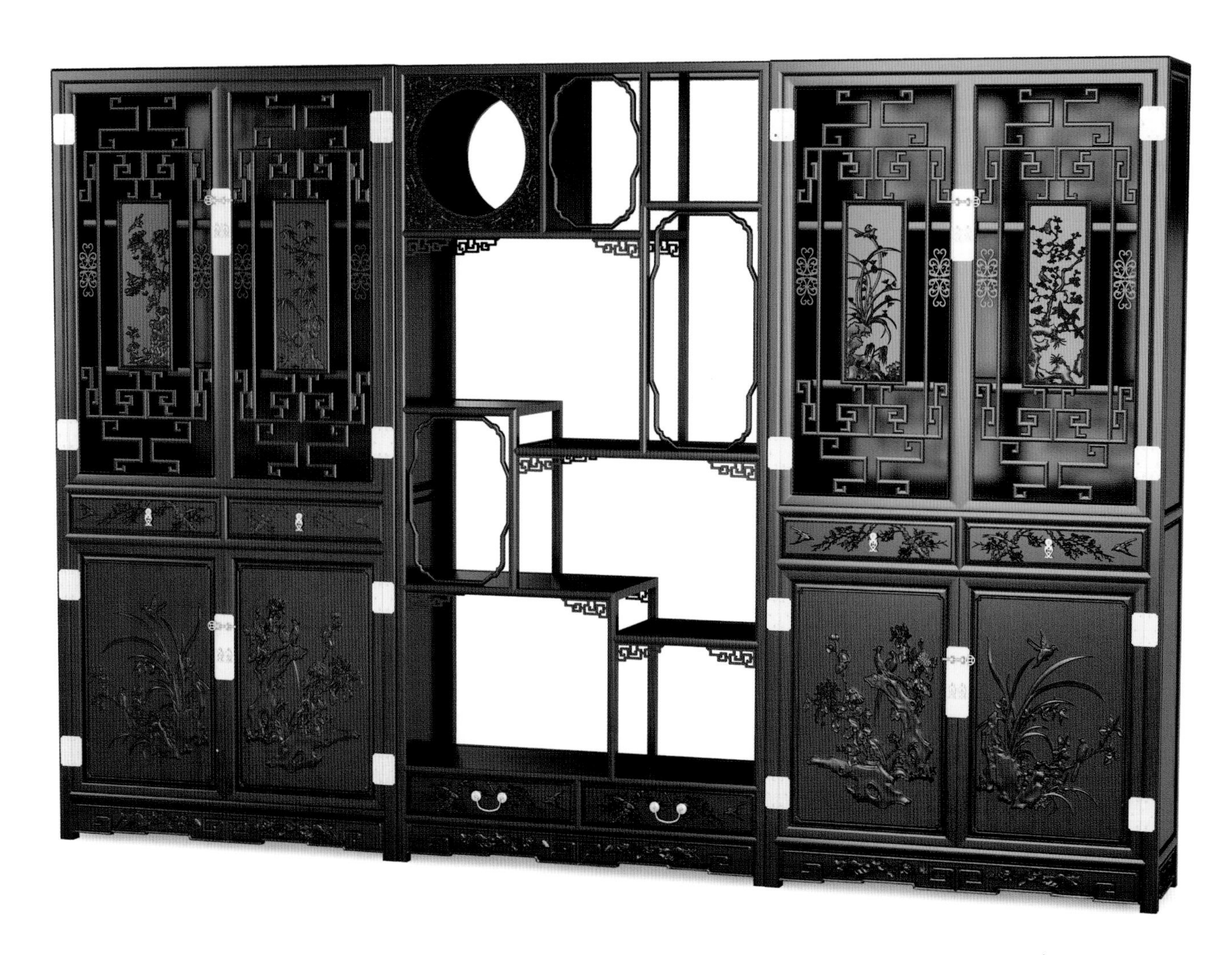

透视图

款式点评：

此柜体型较大，齐头立方式，共分为三部分。左右两边是两个书柜，书柜上方柜门镂空，柜面有回纹条格，面有花鸟浮雕。书柜中间有两屉，屉脸雕花鸟，屉下是对开门的柜子，柜门浮雕梅兰竹菊纹式。中间部分为多宝格。多宝格有圈口与角花，格下有双屉。整体美观大气，实用性强。

主视图

侧视图

精雕图

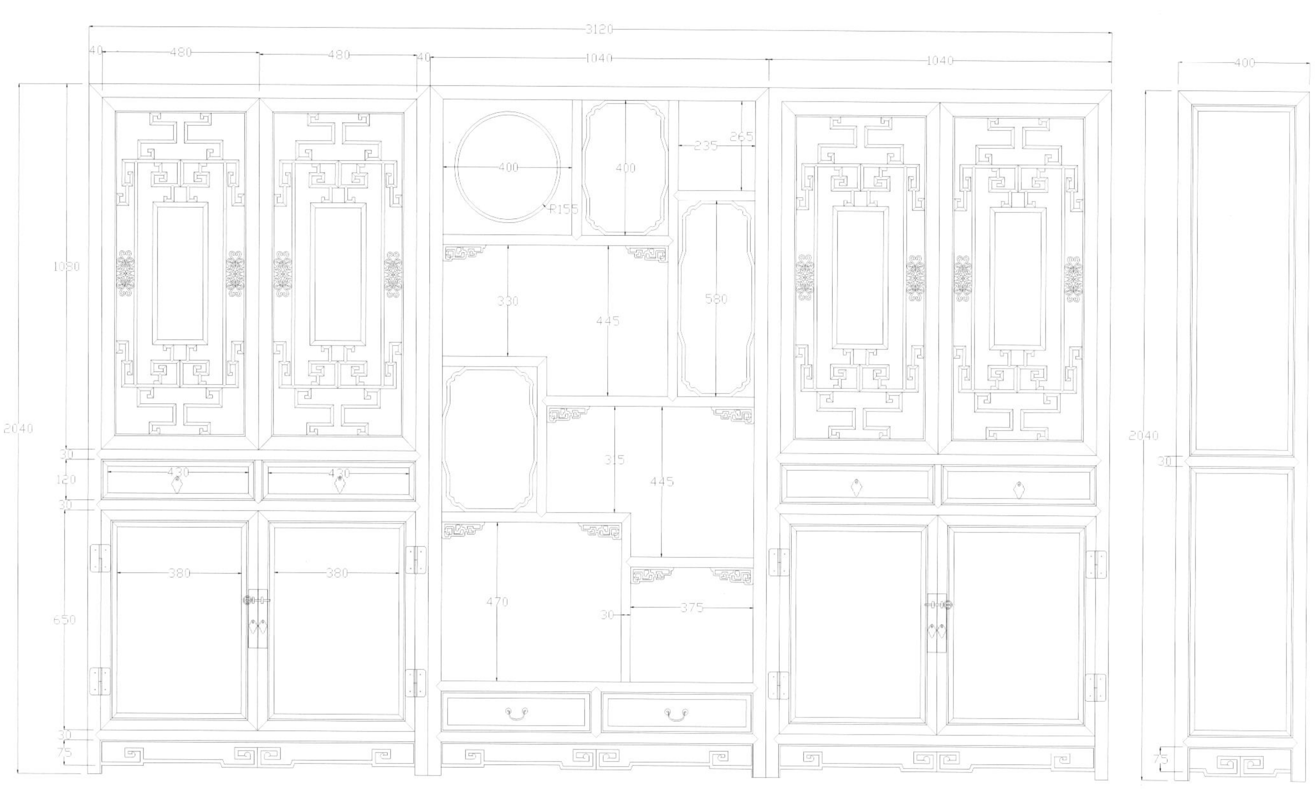
3120
40
480
480
40
1040
1040
400
2040
1080
30
120
30
650
30
75
400
R155
400
235
265
330
445
580
315
445
470
30
375
420
420
380
380
2040
30
75

CAD 结构图

梅兰竹菊纹书柜

透视图

款式点评：

此柜体型较大，齐头立方式，共分为三部分。左右两边是两个书柜，书柜上方柜门镂空，柜面有卐字形条格。面有花鸟浮雕。书柜中间有两屉，屉脸雕有花纹，屉下是对开门的柜子，柜门浮雕梅兰竹菊纹式。中间部分上为多宝格。多宝格圆形做装饰，格下有双屉。整体美观大气，实用性强。

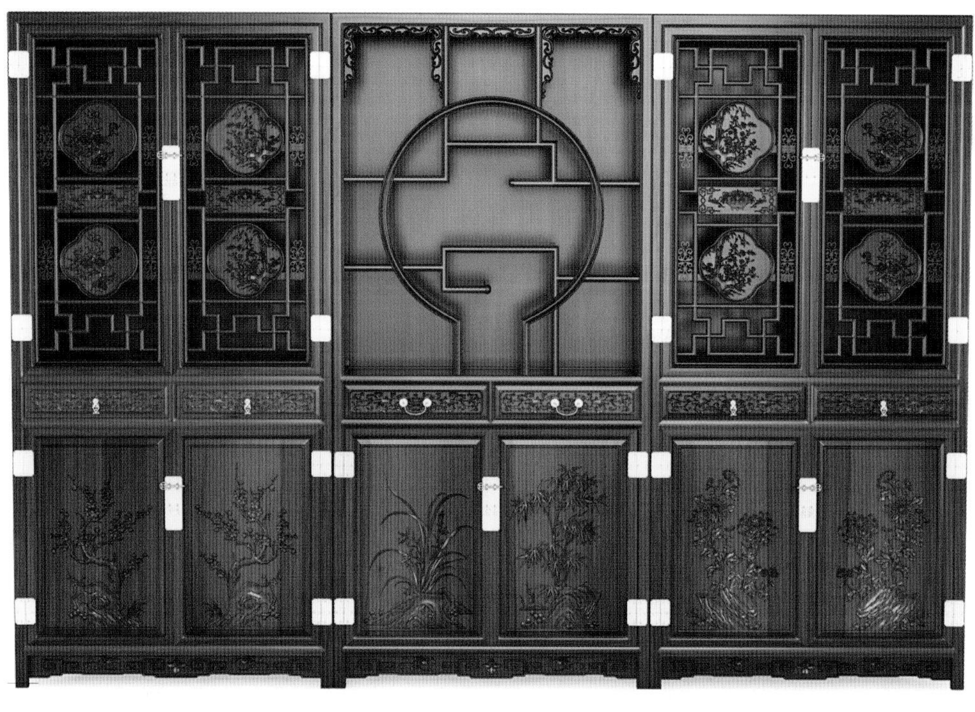

主视图

侧视图

精雕图

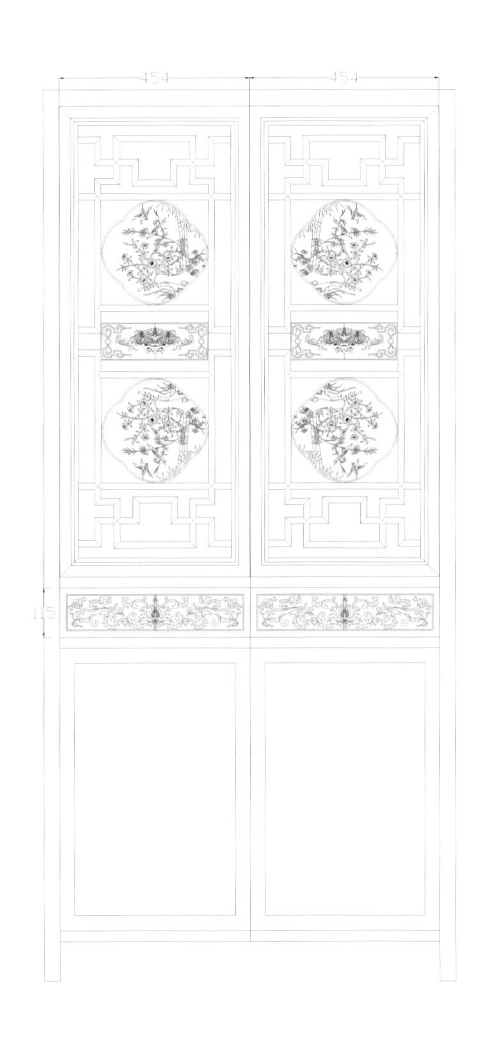

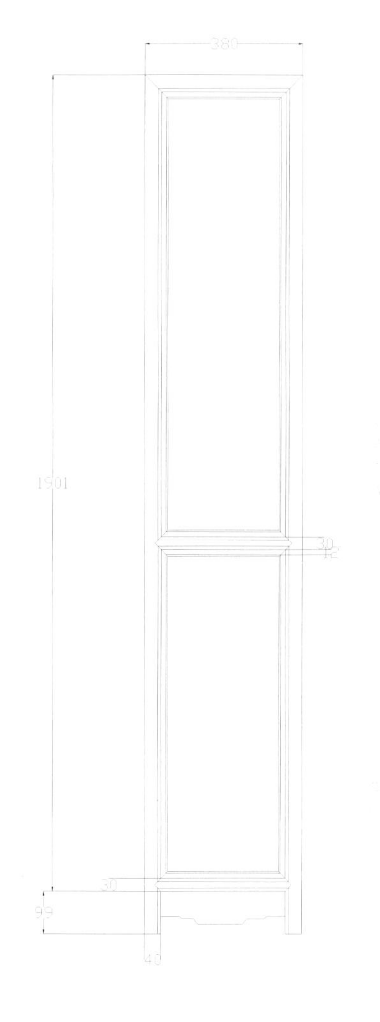

CAD 结构图

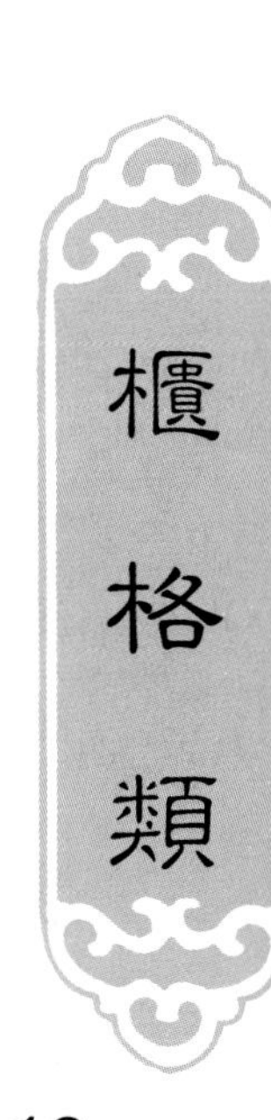

平 安 书 柜

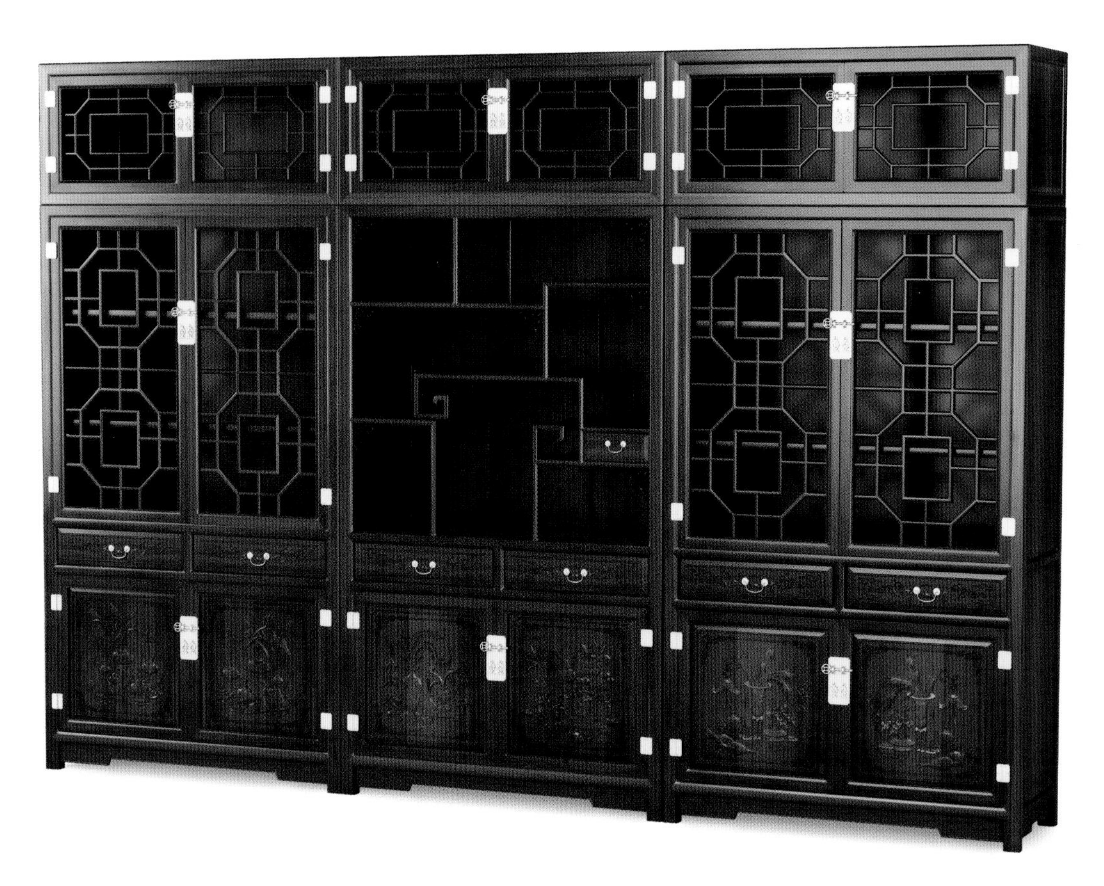

透视图

款式点评：

此柜体型较大，齐头立方式，顶部有顶箱，面为窗棂格透空。左右两柜，柜面也为窗棂格形透空，下有两屉，屉面浮雕花纹，屉下有柜，柜面浮雕博古如意纹式。中间为多宝格，多宝格角处有角花。整体大气美观。

主视图

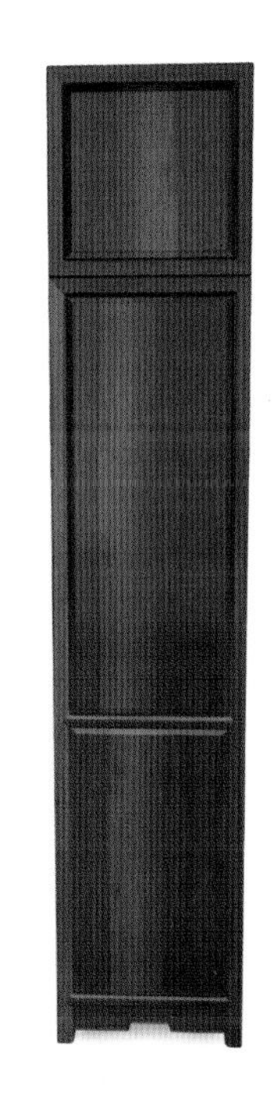

侧视图

精雕图

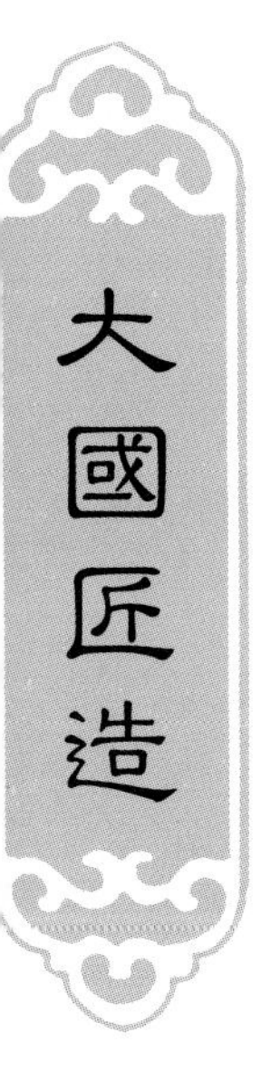
大國匠造

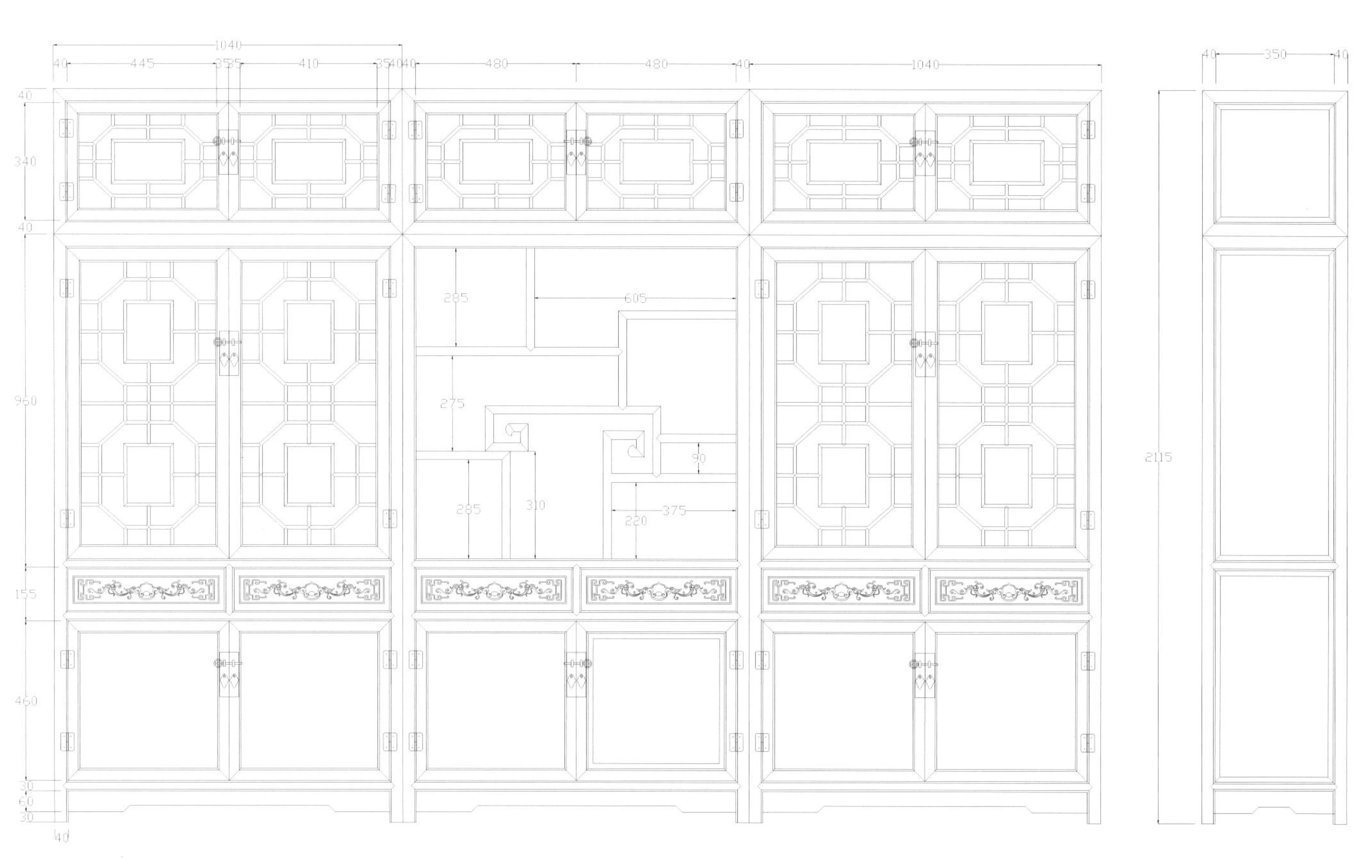
1040
40
445
410
480
480
40
1040
350
40
340
40
950
155
460
285
605
275
90
285
310
220
375
2115

CAD 结构图

浮雕花鸟纹书柜

透视图

款式点评：

此柜体型较大，圆角喷出，共分为三部分。左右两边是两个书柜，书柜上方柜门镂空，书柜中间有两屉，屉脸雕有花纹，屉下是对开门的柜子，柜门浮雕梅兰竹菊纹式。中间部分上为多宝格。多宝格回纹做装饰，正中有圆形浮雕花鸟纹，格下有双屉。整体大气美观。

主视图

侧视图

精雕图

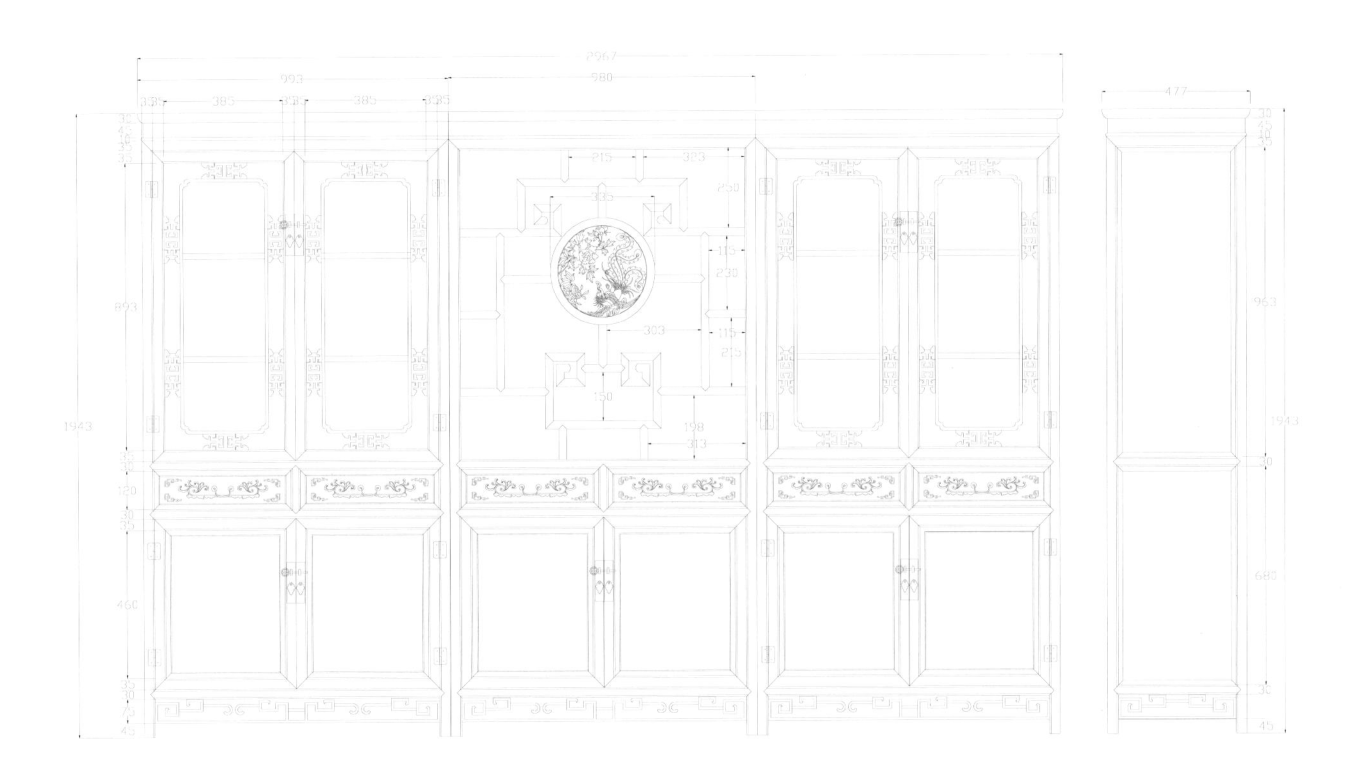

CAD 结构图

浮雕蝙蝠纹书柜

透视图

款式点评：

此柜体型较大，属于由两柜一格拼接构成，左右两边是两个书柜，书柜上方柜门浮雕花纹，柜下是对开门的柜子，柜门透空装饰，柜下有双屉，屉面浮雕花纹。屉下有底柜，柜面浮雕梅兰竹菊纹式。腿间有牙板，牙板浮雕花纹。中间部分上方有柜，柜圈口做浮雕蝙蝠纹装饰。下有多宝格，多宝格下有小屉。整体大气美观。

主视图

侧视图

精雕图

CAD 结构图

浮雕花鸟纹书柜

透视图

款式点评：

此柜体型较大，圆角喷出，共分为三部分。左右两边是两个书柜，书柜上方柜门镂空，书柜中间有两屉，屉脸雕有花纹，屉下是对开门的柜子，柜门浮雕梅兰竹菊纹式，柜下有双屉。中间部分上方有挡板，浮雕花鸟纹式，下方为多宝格。多宝格下有小屉。下部圈口做回纹装饰；柜下鼓腿彭牙，腿内卷，整体大气美观。

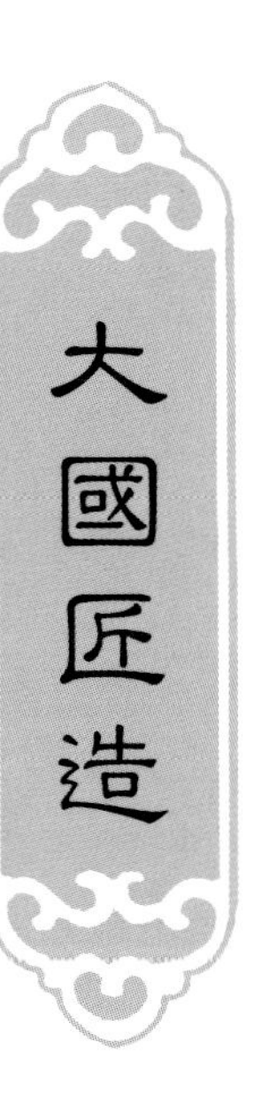

主视图

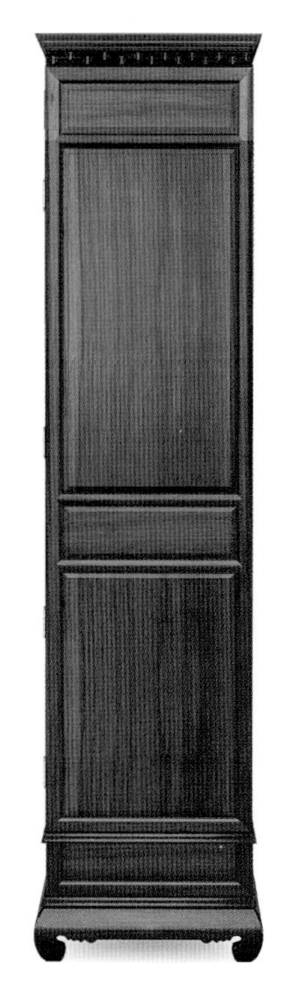

侧视图

精雕图

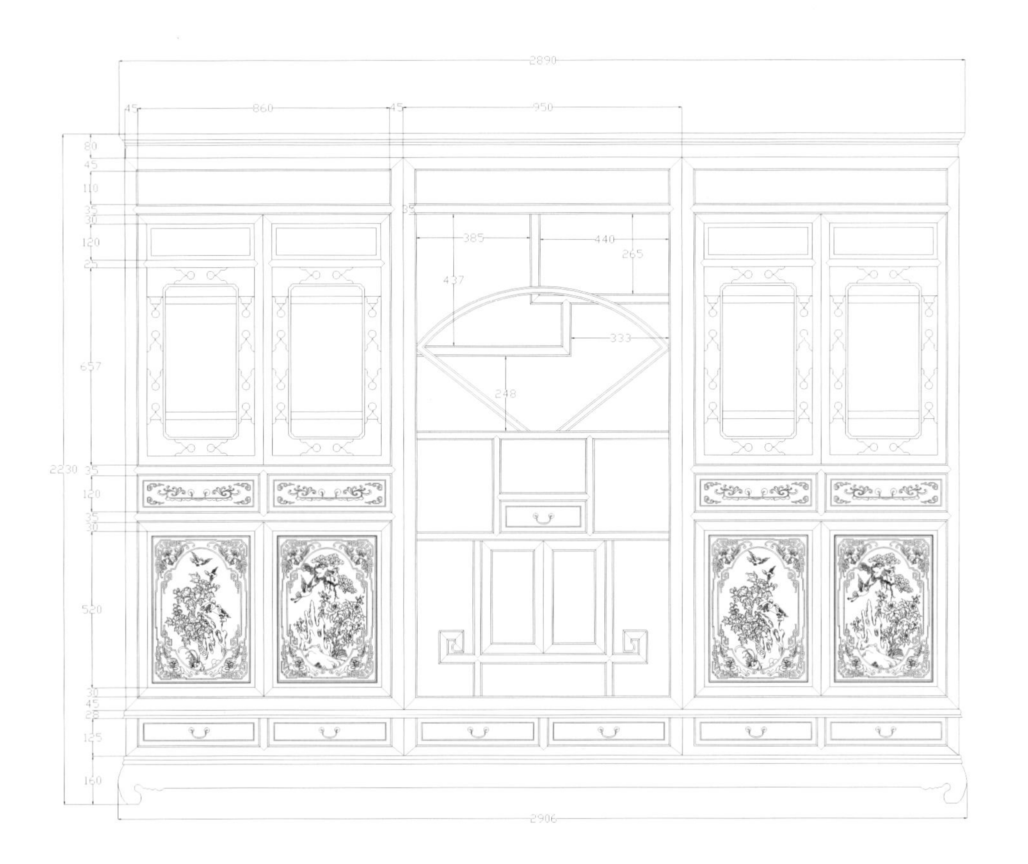
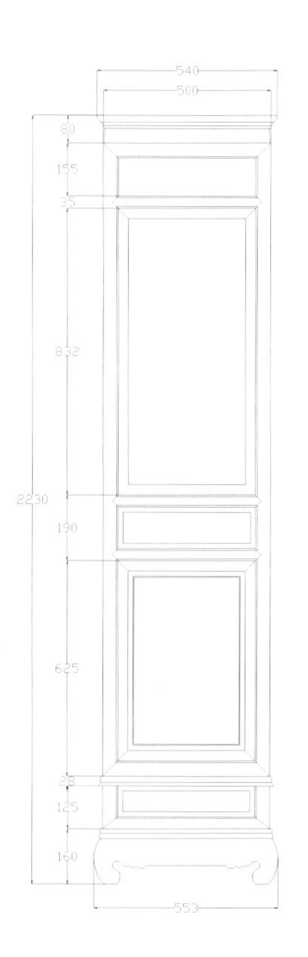

CAD 结构图

小　条　柜

透视图

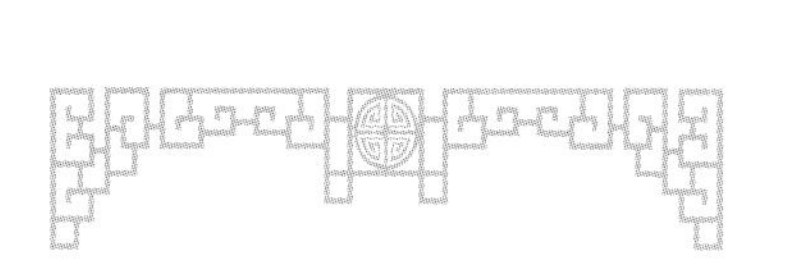

款式点评：

此柜齐头立方式。柜顶圆角喷出，上层柜三面做镂空式卐字纹装饰。下层柜柜面素面无雕饰，柜门安有黄铜合叶，装有黄铜条面页。腿间有牙板，牙板做壶门形。整体高挑美观。

主视图

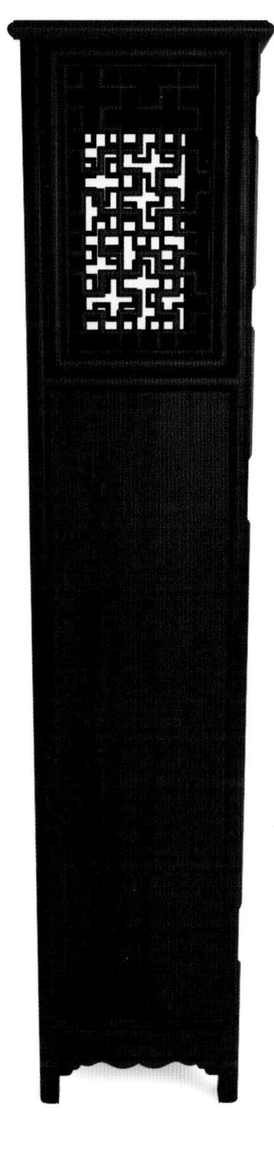

侧视图

俯视图

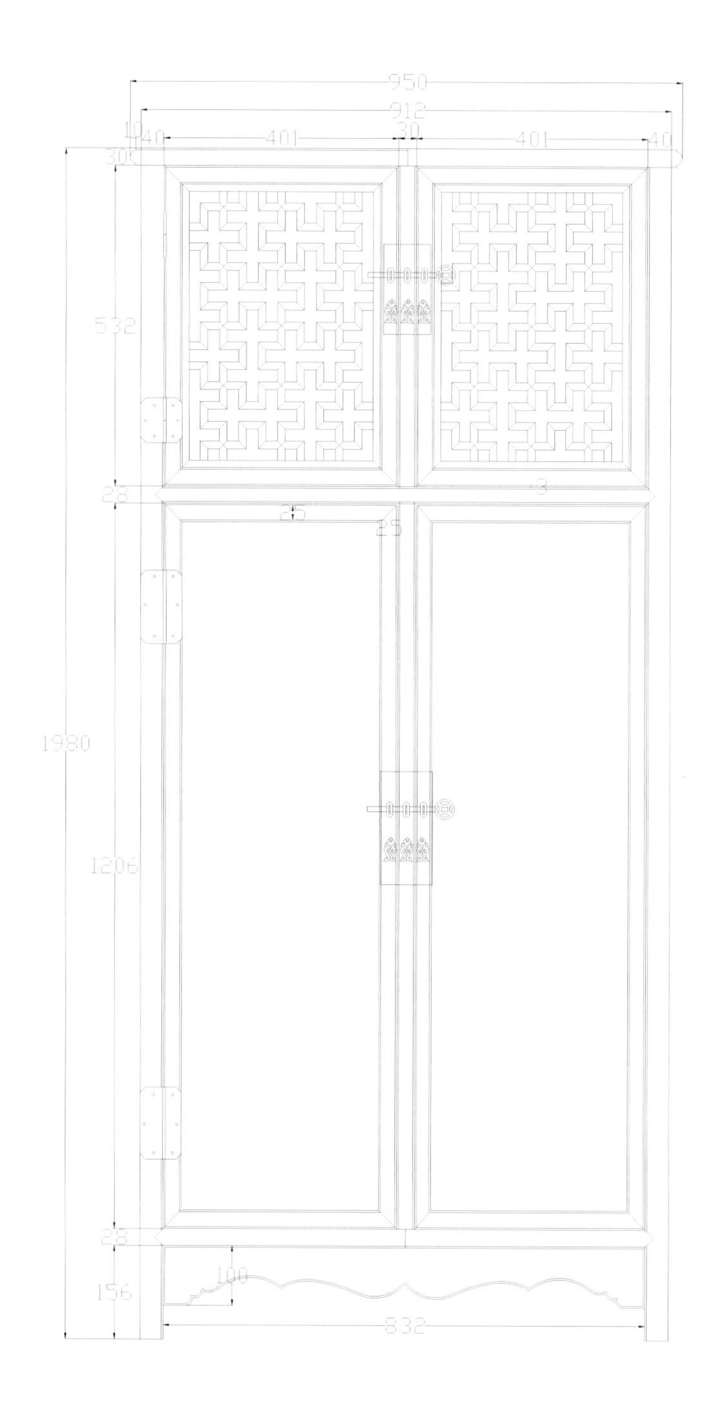
950
912
40
401
20
401
40
532
23
25
1980
1206
23
156
100
832

445
408
40
1980

445
61
950

CAD 结构图

竹节书柜

款式点评：

此柜齐头立方式。整体栏杆为竹节形。柜上有三层亮格，亮格下是两屉，屉面浮雕青竹纹式，并装黄铜吊牌。两屉下为柜。柜门竹子纹式，安有黄铜合叶，装有黄铜条面页。柜下鼓腿彭牙，三弯腿，牙板面浮雕竹子纹式。

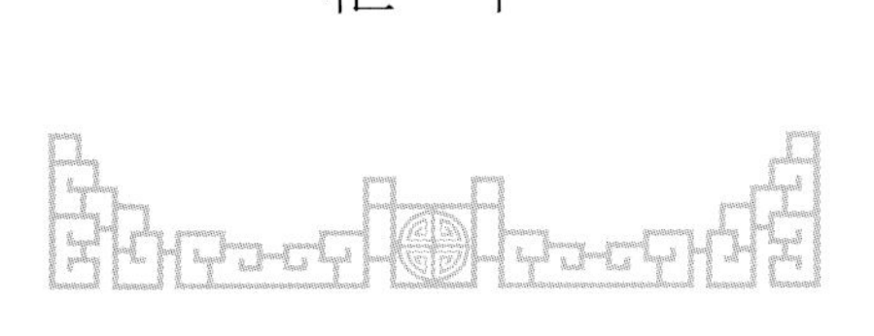

透视图

主视图

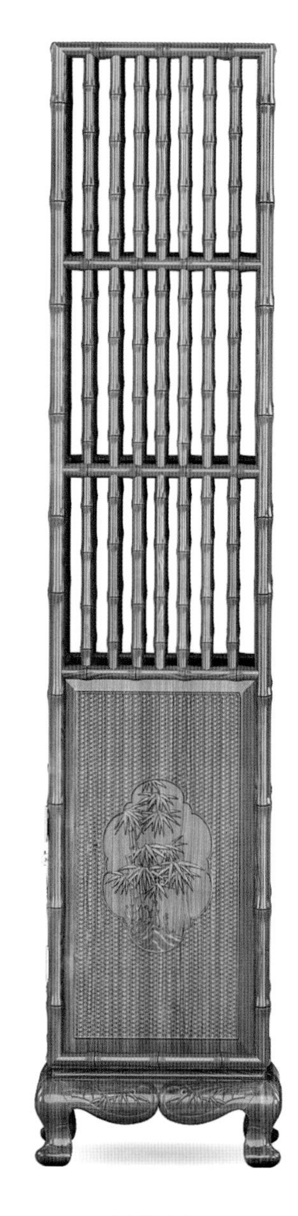

侧视图

精雕图

980
32
377
28
334
28
325
1969
1970
442
28
444
28
110
28
40
430
40
32
20
150
40
378
4040
378
40
950
1015
400
1970
1800
170
400
32
980

CAD 结构图

櫃格類

书　架　01

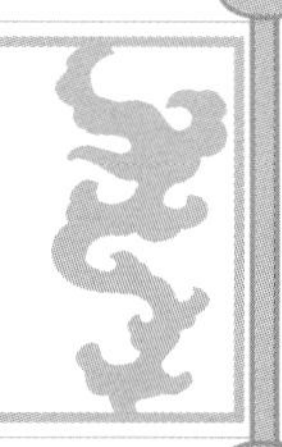

款式点评：

此书架呈起头立方式，共分五格，每格皆有三面围栏，围栏中间装有圆环卡子花。第三格下有两屉，屉脸光素无雕饰。柜腿间有牙板，整体简洁大方。

透视图

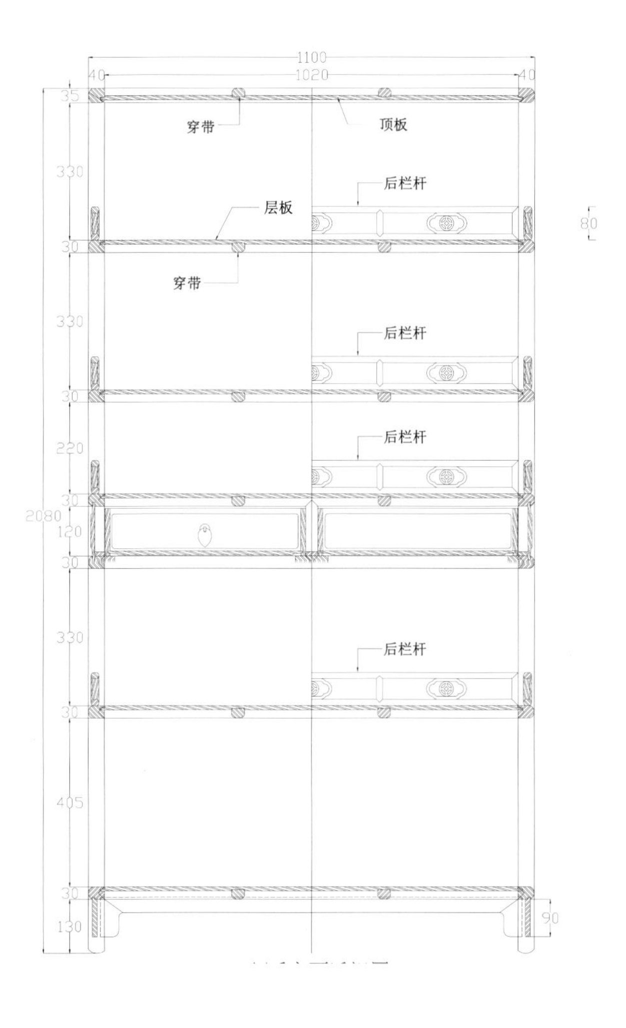

主视图

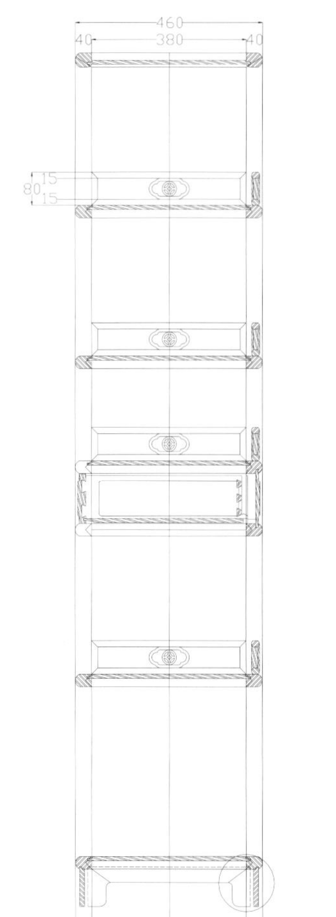

CAD 结构图

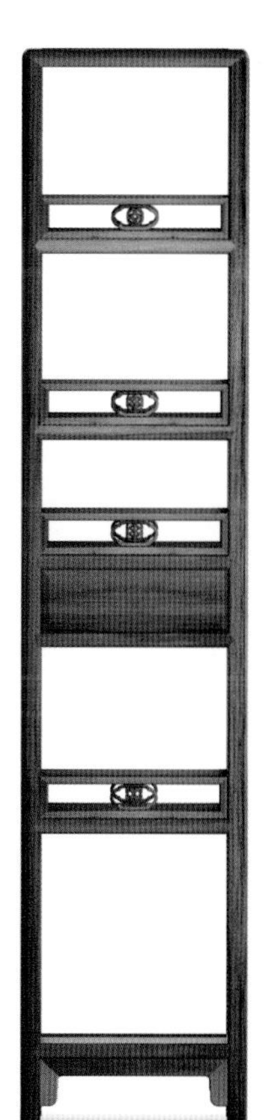

侧视图

书架 02

款式点评：

此书架呈起头立方式，共分三格，每格托板上皆有三面围栏，围栏下有亮脚，上有矮老及横杆，第一格下有两屉。柜腿间有牙板，角花做卷云纹装饰。

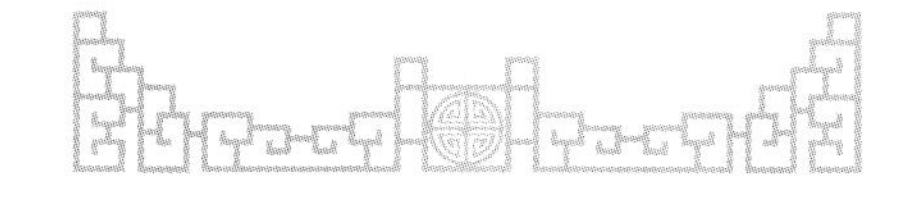

透视图

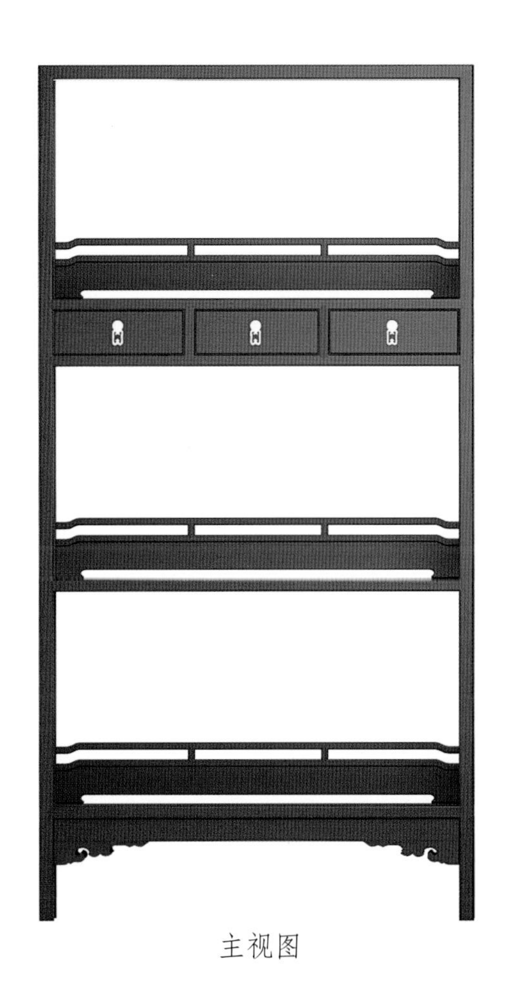

主视图

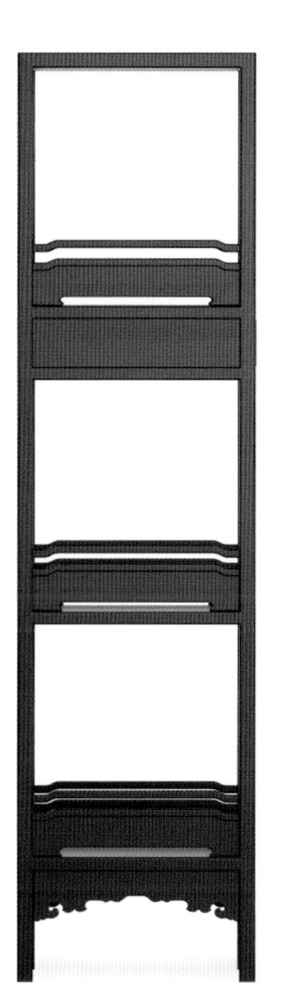

侧视图

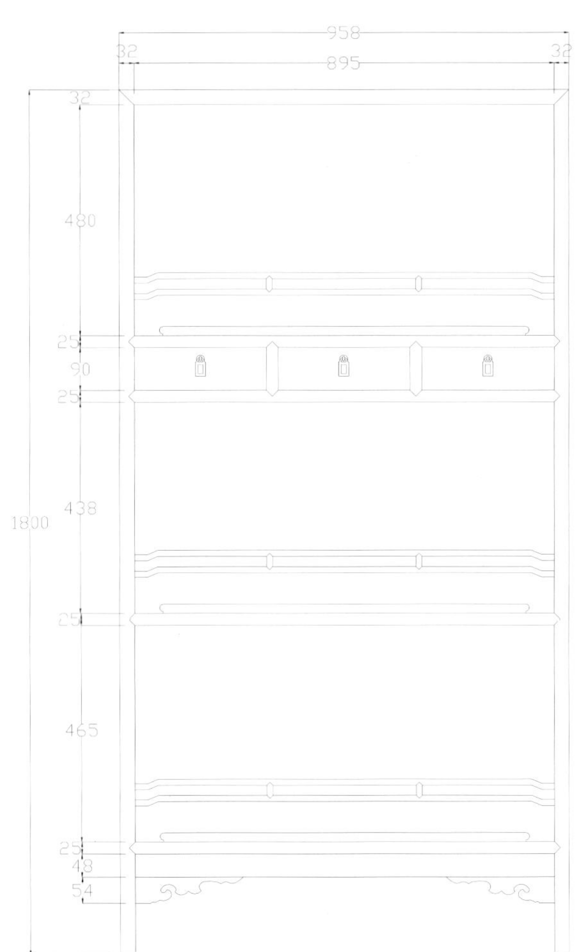

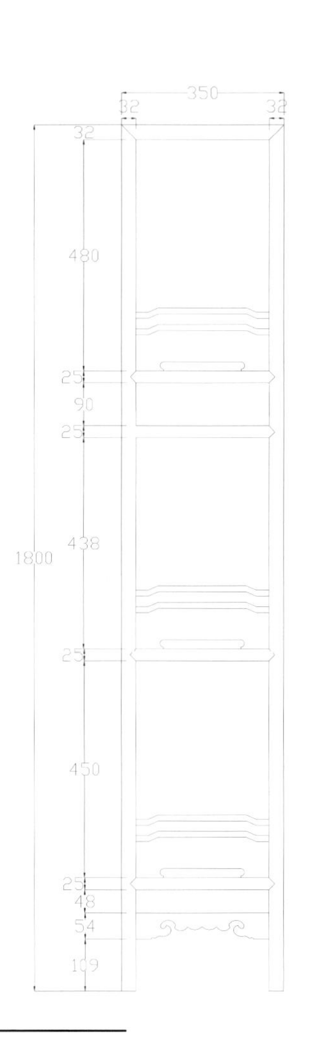

CAD 结构图

书 架 03

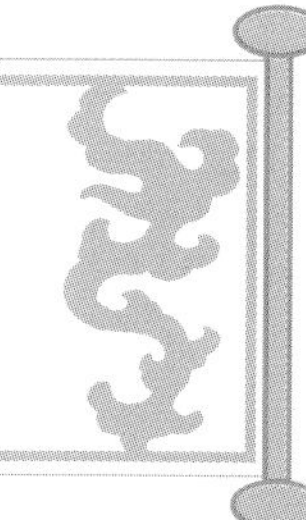

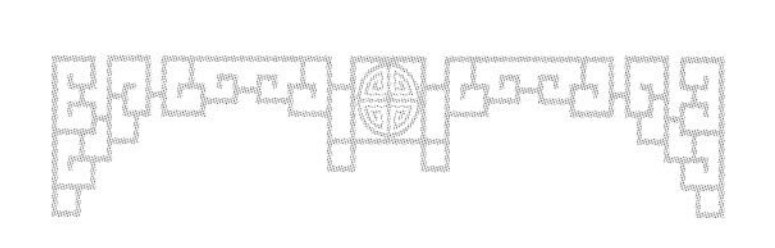

款式点评：

此书架呈起头立方式，共分四格，第二格下有两屉，屉脸为金丝楠水波纹面板。柜腿间有罗锅枨，整体简洁素雅，美观实用。

透视图

主视图

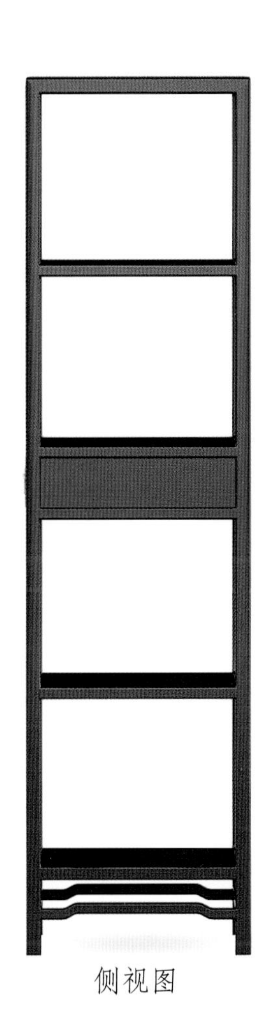

侧视图

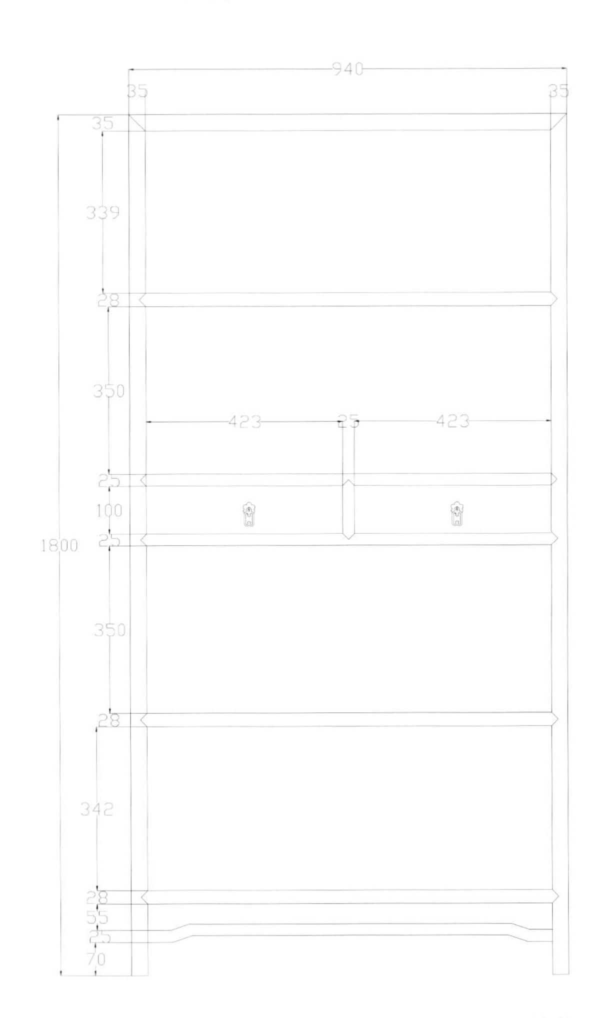

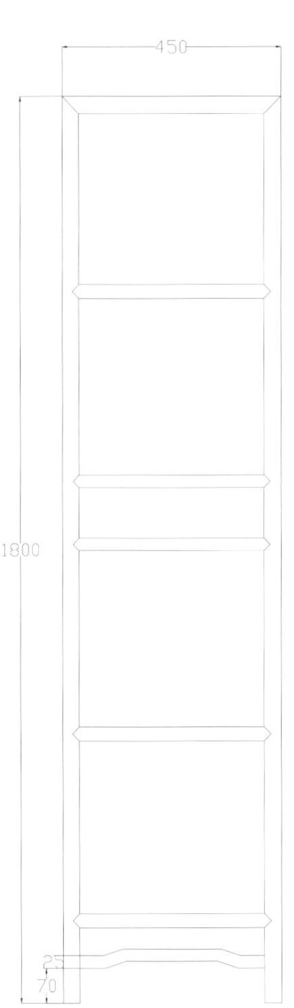

CAD 结构图

花梨茶叶柜

透视图

款式点评：

此茶叶柜整体方正。上框架之间有托板，立柱，中间为柜，柜门浮雕凤纹。下有两屉，屉面浮雕螭龙纹。腿上有束腰，腿弧形，整体美观秀气，玲珑剔透。

主视图

侧视图

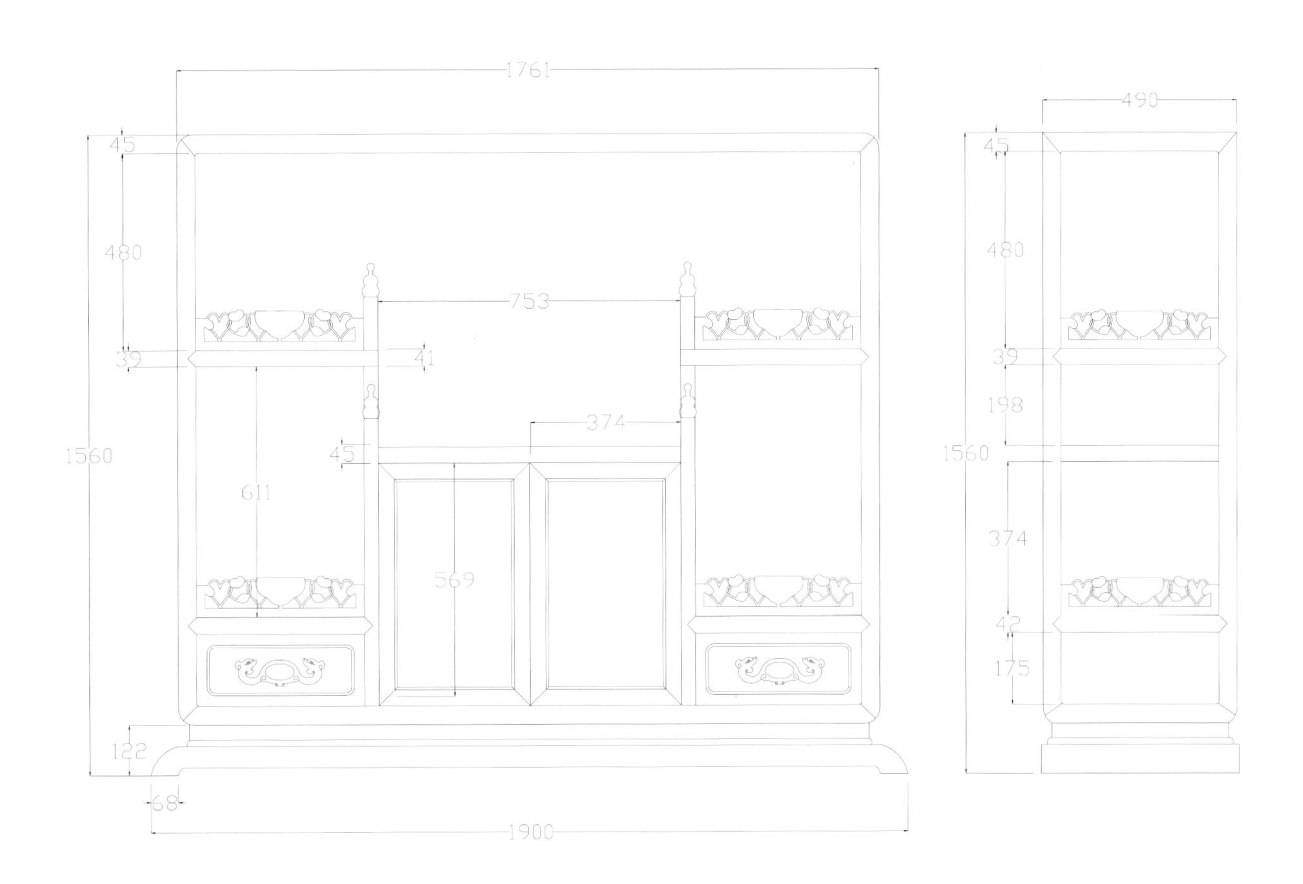

CAD 结构图

龙纹首饰柜

款式点评：

此首饰柜整体分四层，主柜上有叠层两层抽屉，屉面浮雕龙纹，面有黄铜拉手，主柜柜面浮雕云龙纹，主柜下较窄，此处设一屉，屉面浮雕龙纹，下有矮束腰，束腰浮雕云龙纹，下有底座，底座边沿呈波纹线，四角出云纹透空。整体古朴优雅。

透视图

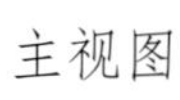

主视图

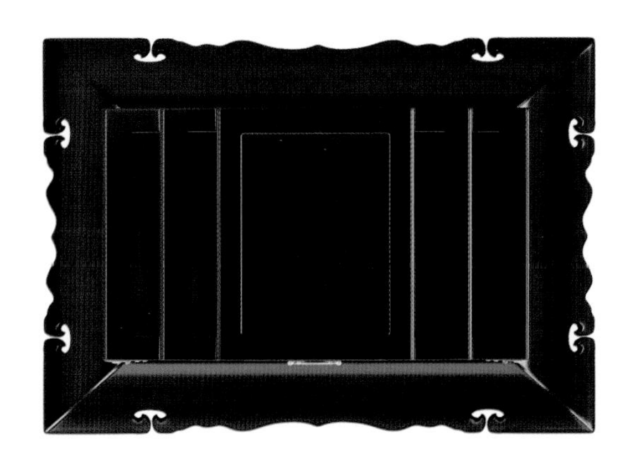

仰视图

精雕图

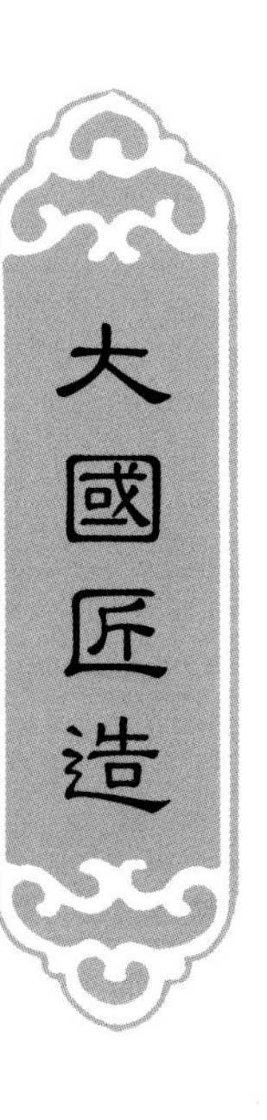
大國匠造

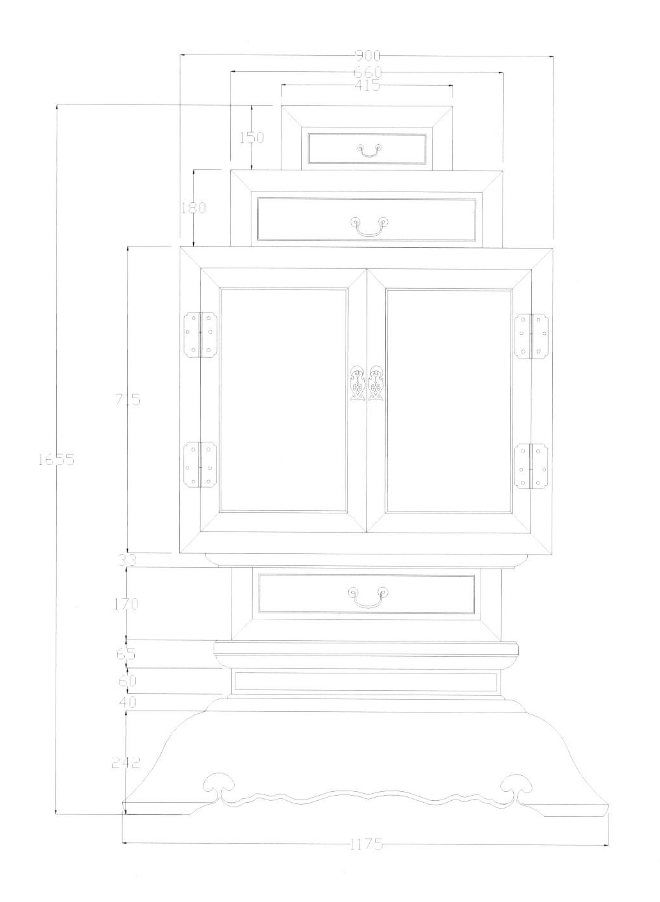
900
660
415
150
180
715
1655
33
170
65
60
40
242
1175

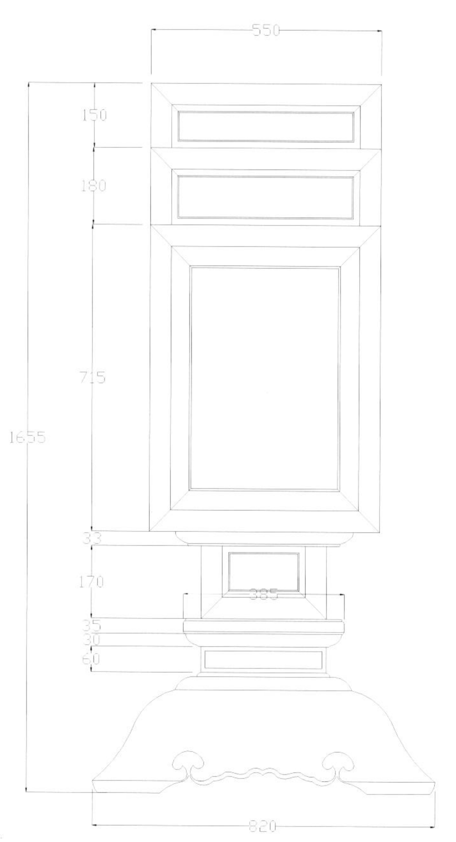
550
150
180
715
1655
33
170
35
30
60
820

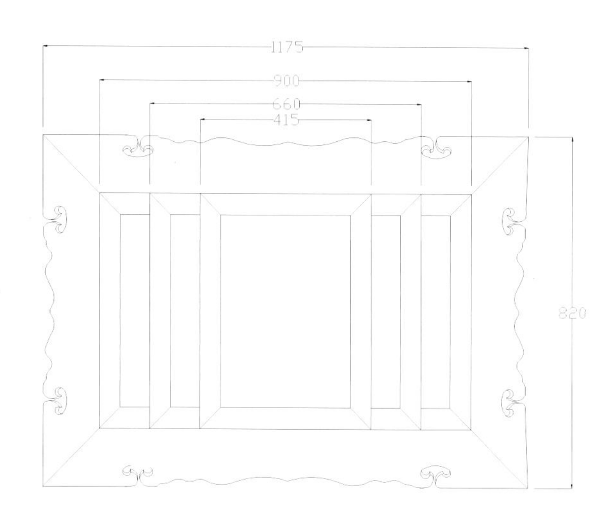
1175
900
660
415
820

CAD 结构图

花瓶茶叶柜

透视图

款式点评：

此茶叶柜三柜、三屉，上有栏杆做装饰，上端屉面浮雕花纹，面有黄铜拉手，主柜柜面浮雕花卉纹，柜面上下两端有透空圆环装饰，腿间有牙板，牙板光素无雕饰，整体古朴优雅，美观实用。

主视图

侧视图

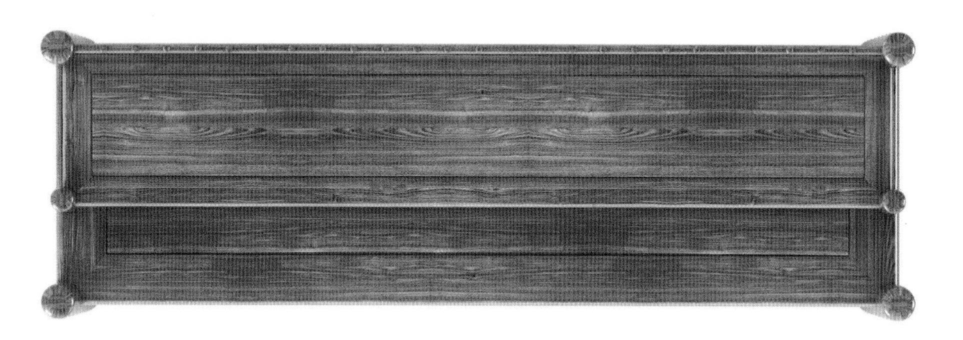

俯视图

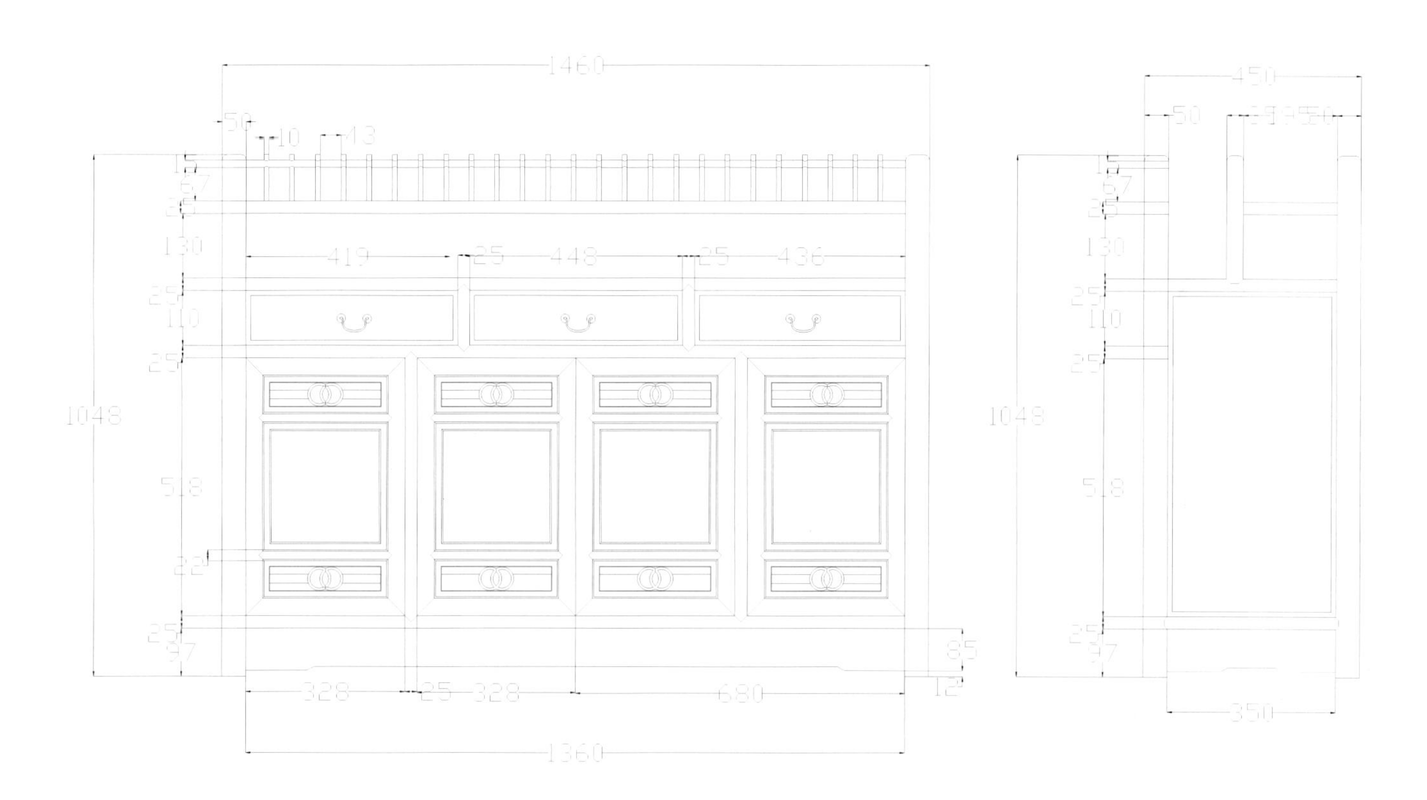
1460
50
10
13
1048
130
419
25
448
25
436
110
518
22
37
85
12
328
25
328
680
1360
450
50
350

1460
50
125
450
155

CAD 结构图

櫃格類

条柜

款式点评：

此柜圆角喷出，柜身三面镂空处理，呈直棂状，柜门中段雕有螭龙纹，柜腿外倾，两腿之间装有牙板，牙板无雕刻。

透视图

主视图

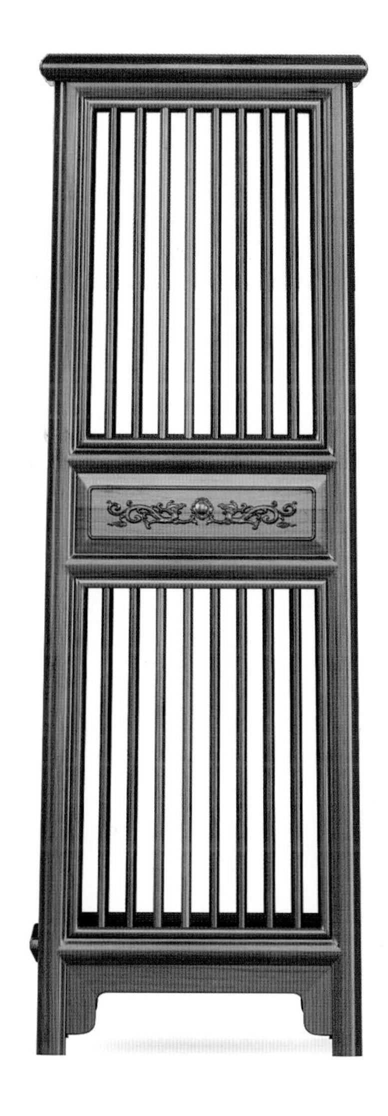

侧视图

俯视图

大國匠造

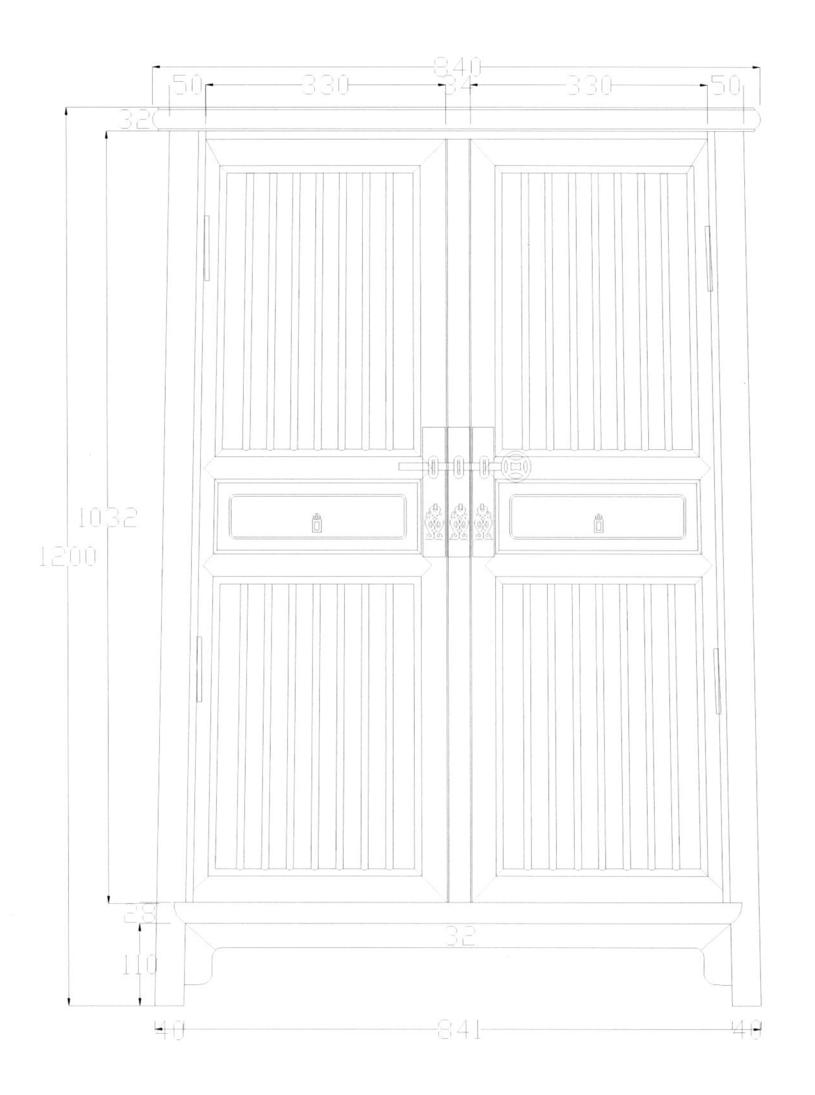
840
50
330
34
330
50
32
1032
1200
28
32
110
40
841
40

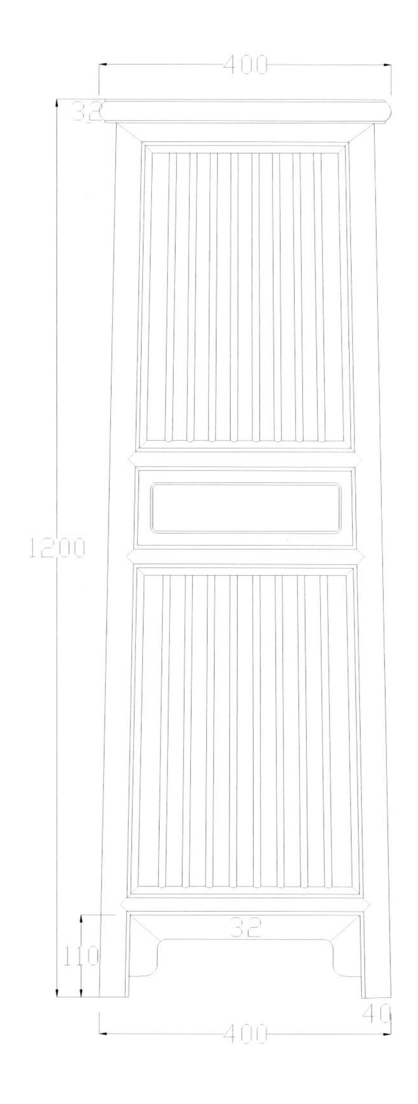
400
32
1200
32
110
40
400

840
400
70

CAD 结构图

小矮柜

透视图

款式点评：

此矮柜为平头款，两侧为竖柜，柜面浮雕博古纹，中间五个小斗柜，柜面浮雕回纹，有黄铜拉手。下有束腰，鼓腿彭牙，三弯腿，整体方正简洁，雕刻美观，实用价值高。

主视图

侧视图

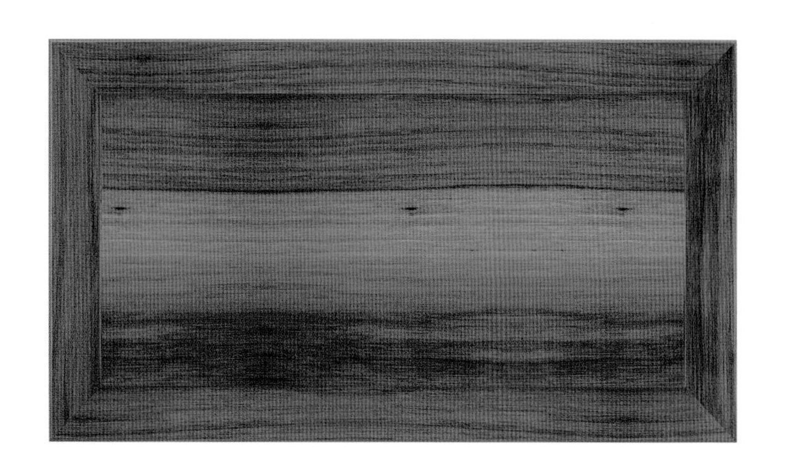

俯视图

精雕图

1315
60
345
45
375
40
345
60
35
1210
200
140
140
1358

764
45
638
45
35
1200
200
140
140
778
848

CAD 结构图

櫃格類

松鹤茶叶柜

透视图

款式点评：

此茶叶柜整体方正。上框架之间有托板，立柱，中间为柜，柜门浮雕花鸟纹。下有两屉，屉面浮雕花草纹。方腿直足，整体美观秀气，玲珑剔透。

主视图

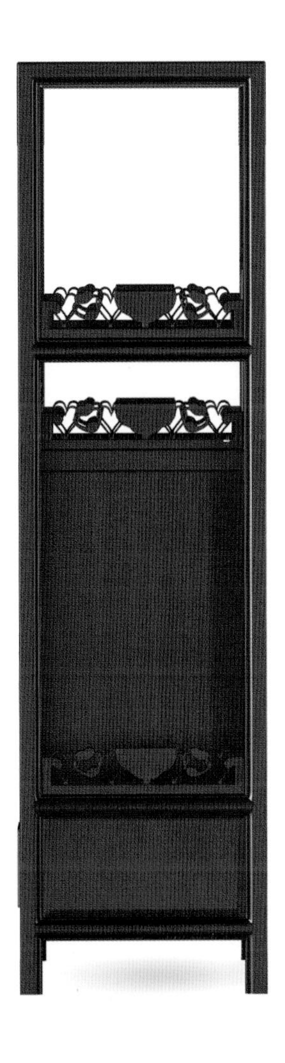

侧视图

精雕图

大國匠造

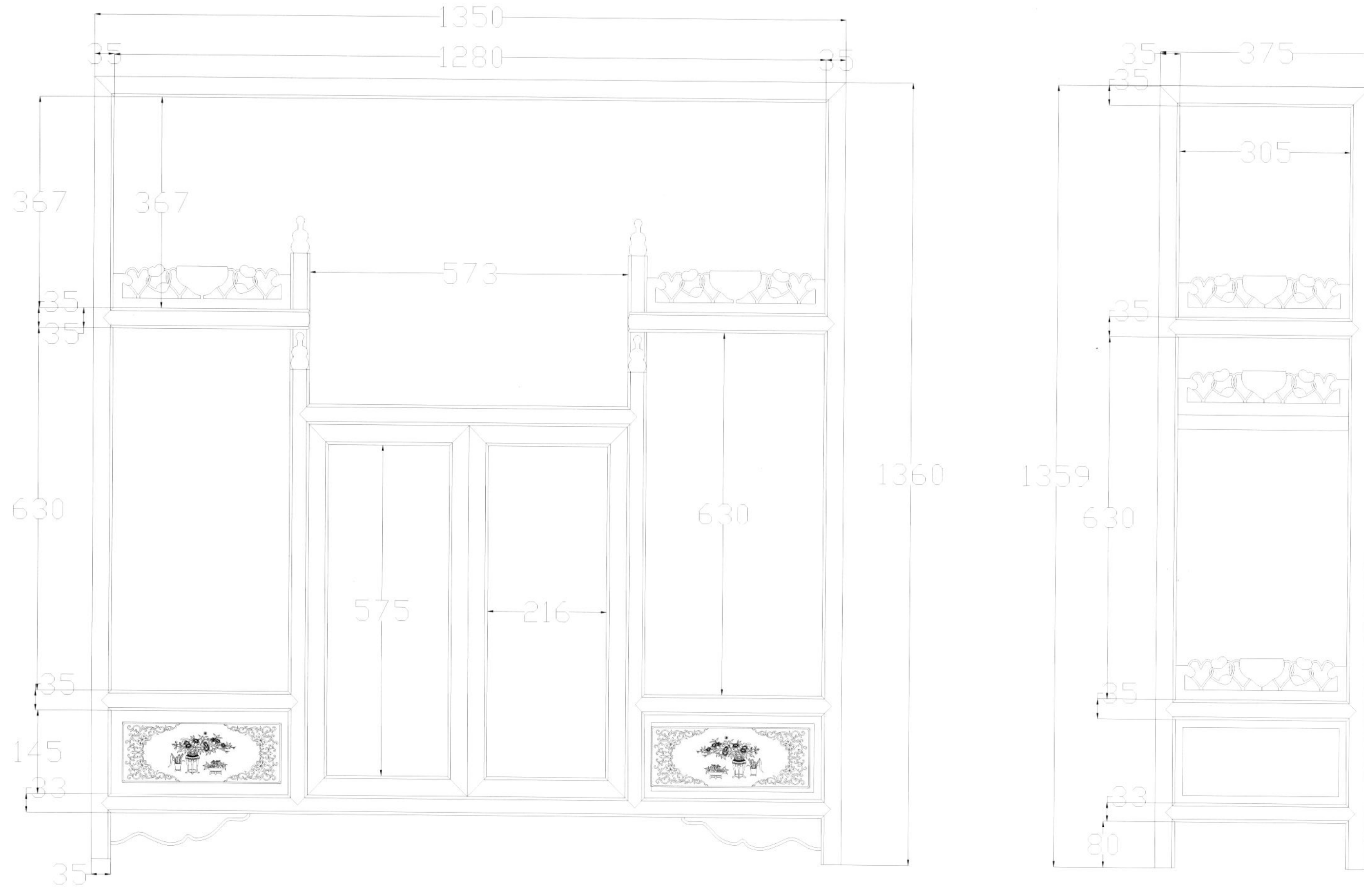
1350
35
1280
35
367
367
573
35
35
630
630
575
216
1360
35
145
33
35
35
375
35
305
1359
35
630
35
33
80

CAD 结构图

卷草花纹矮柜

透视图

款式点评：

此柜整体方正。上下分两层，柜面浮雕扬帆起航图，方腿直足。足有黄铜包脚，腿间牙板浮雕卷草花纹。整器小巧灵秀，造型优雅。

主视图

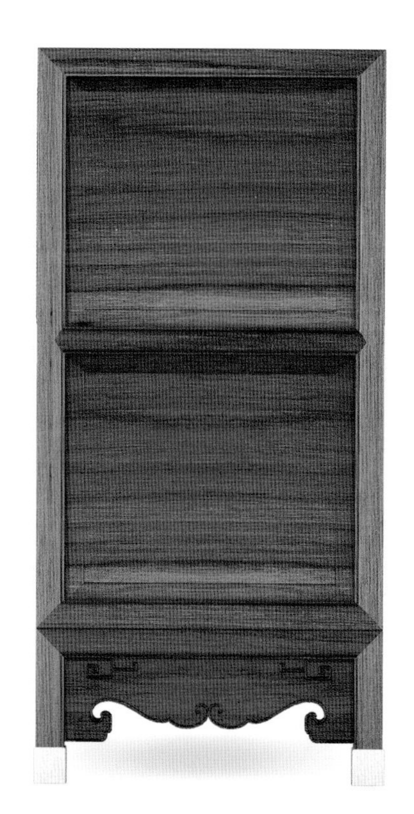

侧视图

俯视图

精雕图

CAD 结构图

方正小条柜

款式点评：

此柜整体方正。三面皆以棂格纹镂空，柜门对开，装有黄铜吊牌。柜门与柜身之间以黄铜合叶相连。柜腿之间有横枨。整器小巧灵秀，造型优雅。

透视图

主视图

侧视图

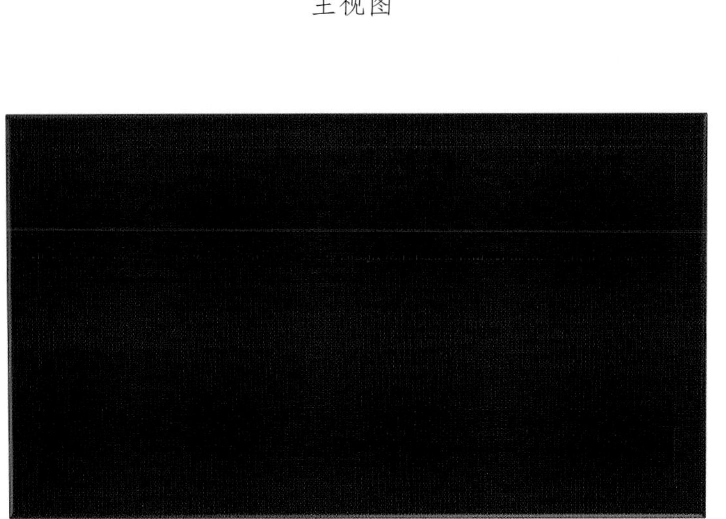

俯视图

大國匠造

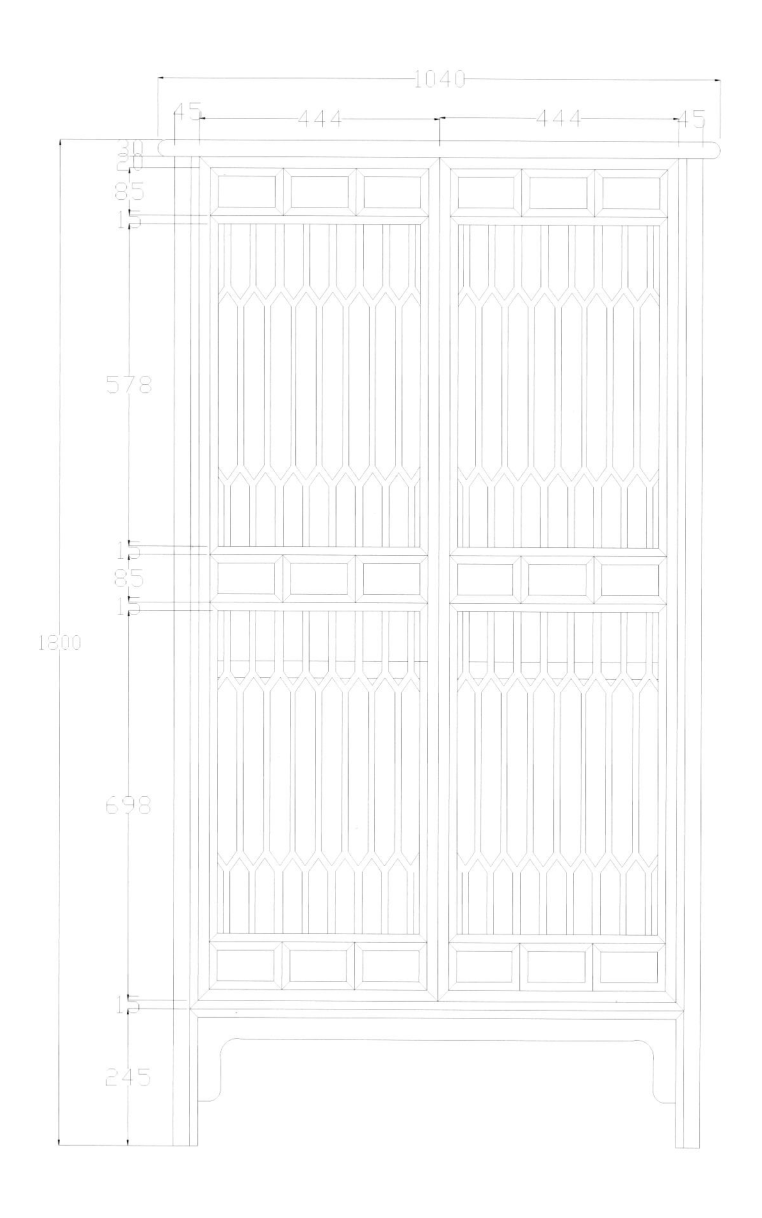
1040
45
444
444
45
30
20
85
15
578
15
85
15
1800
698
15
245

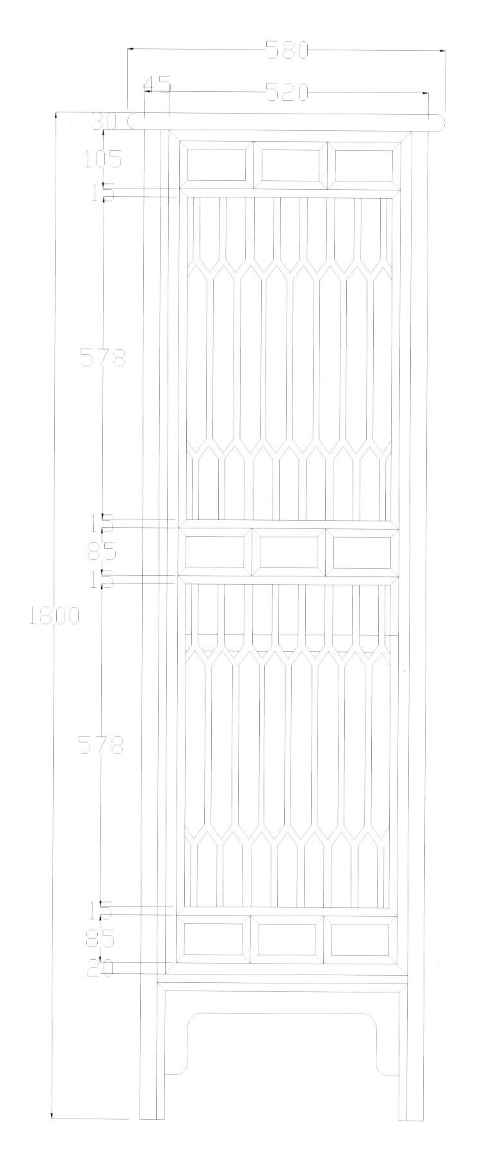
580
45
520
30
105
15
578
15
85
15
1800
578
15
85
20

1040
520

CAD 结构图

棂格纹格柜

款式点评：

此柜整体方正。三面皆以棂格纹镂空，柜门对开，装有黄铜吊牌。柜门与柜身之间以黄铜合叶相连。柜腿之间有横枨。整器小巧灵秀，造型优雅。

透视图

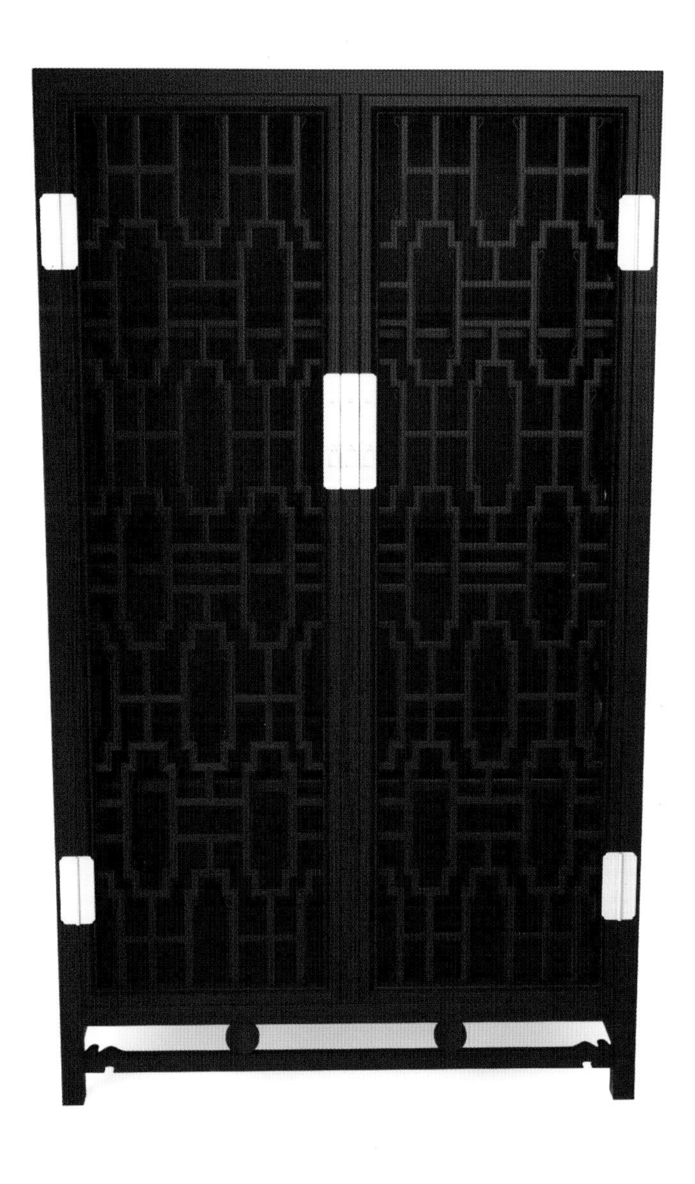

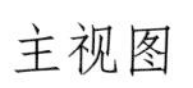
主视图

侧视图

俯视图

CAD 结构图

花 鸟 小 柜

透视图

款式点评：

此柜整体方直。柜上部是亮格，三面镂空；圈口透雕螭龙纹。柜门雕有凤鸟纹，华丽大方；柜门之间装有黄铜条面页，以黄铜合页与柜身相接。柜身下束腰，柜腿呈弯腿，装有牙板，牙板雕有卷草纹样。

主视图

侧视图

精雕图

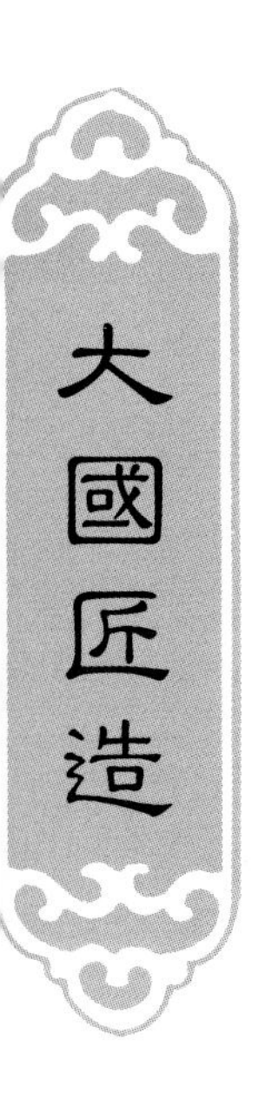

大國匠造

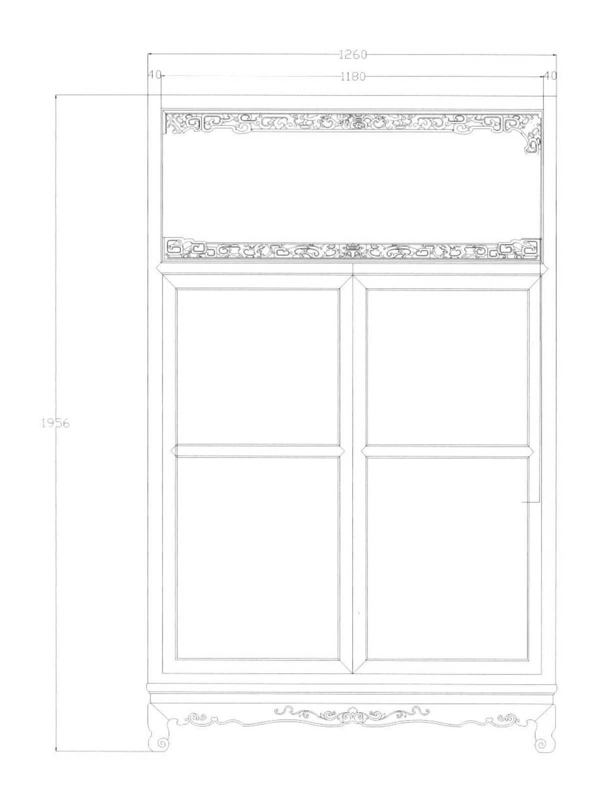

1260
40
1180
40
1956

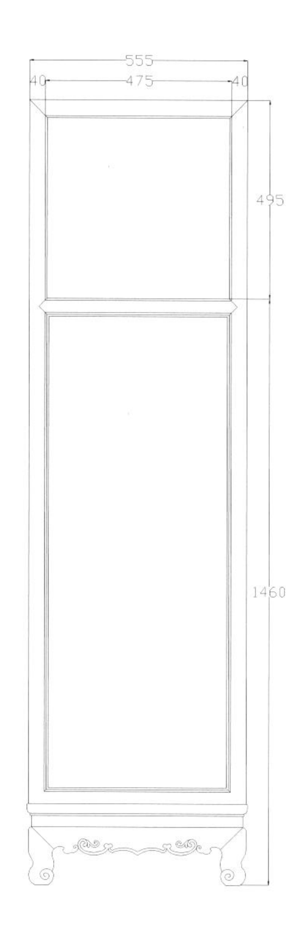

555
40
475
40
495
1460

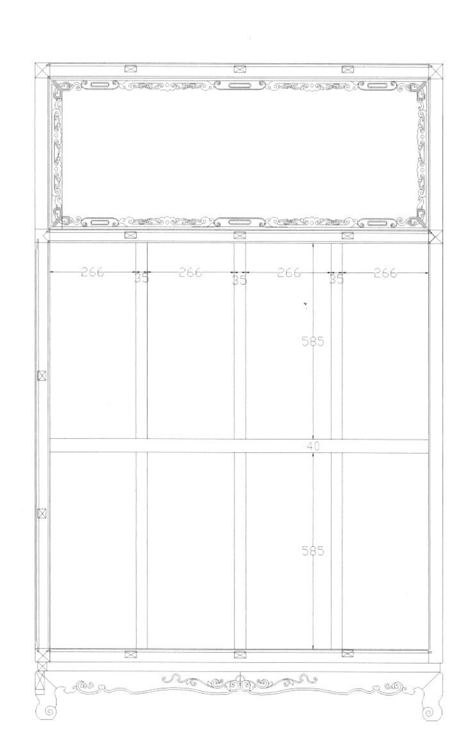

266
35
266
35
266
35
266
585
40
585

CAD 结构图

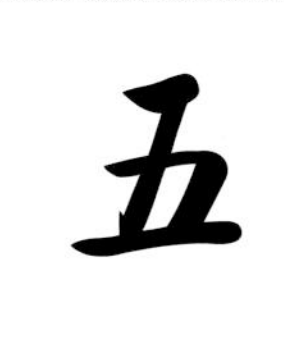

五　抽　柜

透视图

款式点评：

此柜通体方正。整体为五屉，素面，柜门中安有拉手。整器方正典雅。

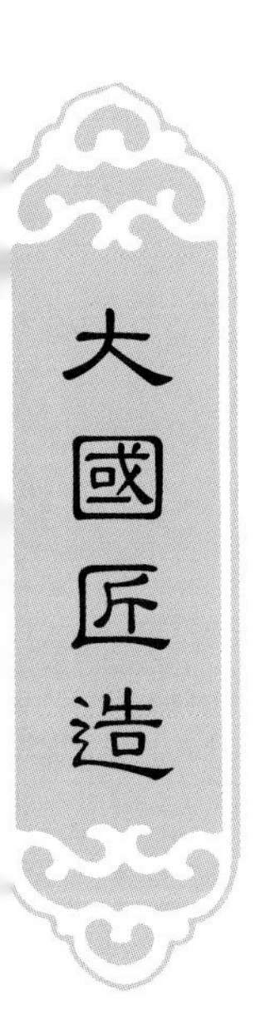

主视图

侧视图

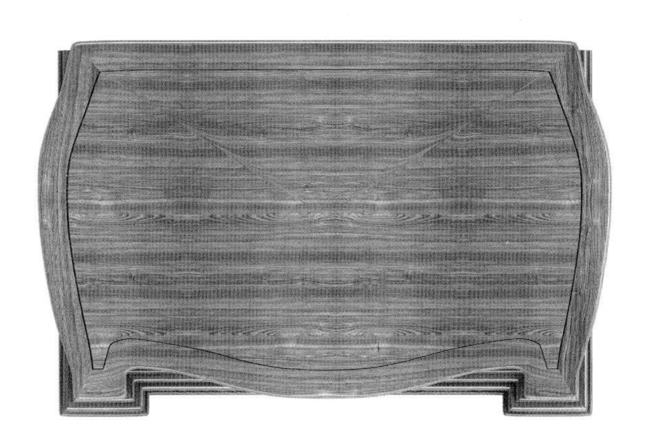

俯视图

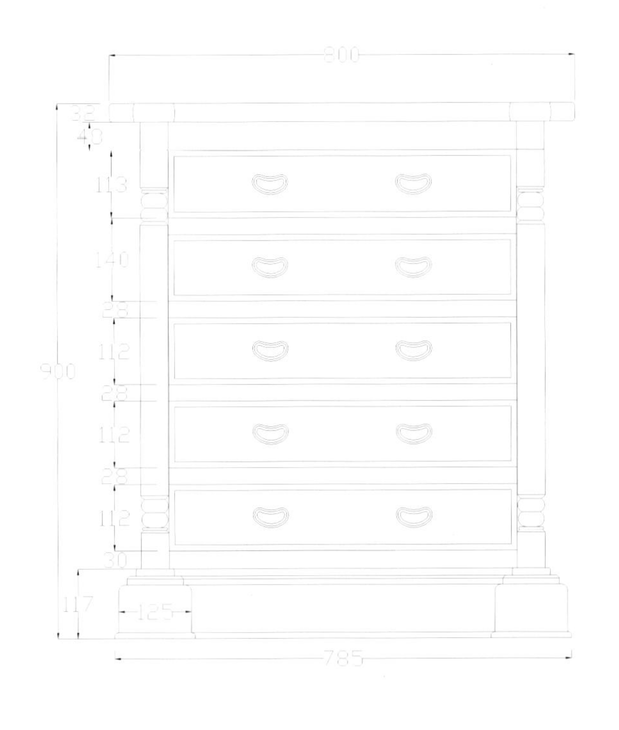
800
32
40
113
140
28
112
28
112
28
112
30
900
117
125
785

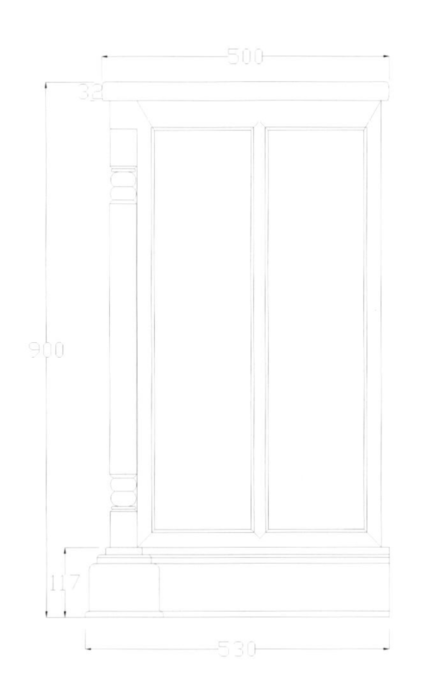
500
32
900
117
530

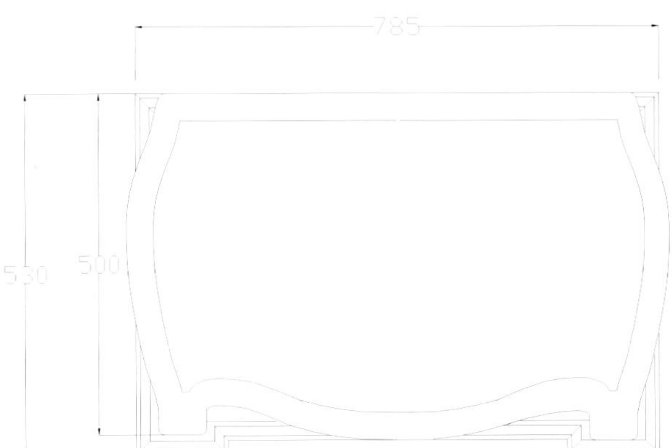
785
530
500

CAD 结构图

櫃格類

五　抽　小　柜

透视图

款式点评：

此柜通体方正。上部是两屉。屉脸浮雕纹式。下为三屉，屉面浮雕八仙纹式，柜门中安有圆拉手。整器方正典雅。

主视图

侧视图

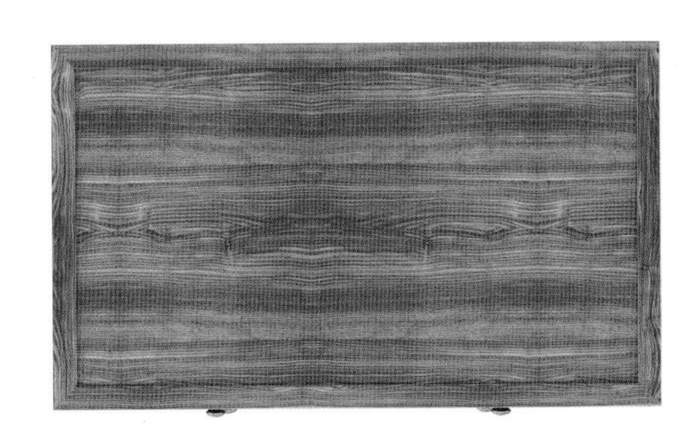

俯视图

精雕图

30
396
30
396
30
30
174
30
184
30
1030
184
30
184
30
30
82
41

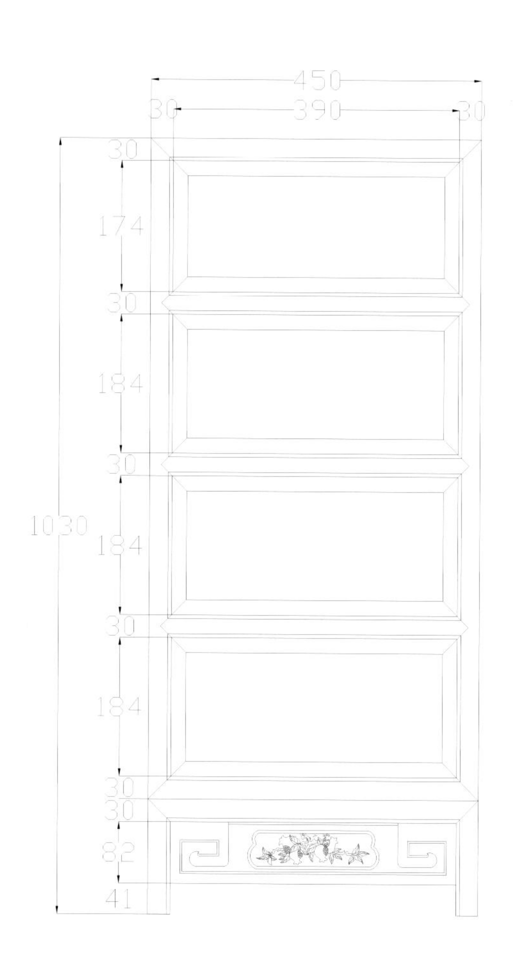
450
30
390
30
30
174
30
184
30
1030
184
30
184
30
30
82
41

CAD 结构图

花 鸟 衣 柜

透视图

款式点评：

此柜整体方正。上下分两层，柜面浮雕扬帆起航图，方腿直足。足有黄铜包脚，腿间牙板浮雕卷草花纹。整器小巧灵秀，造型优雅。

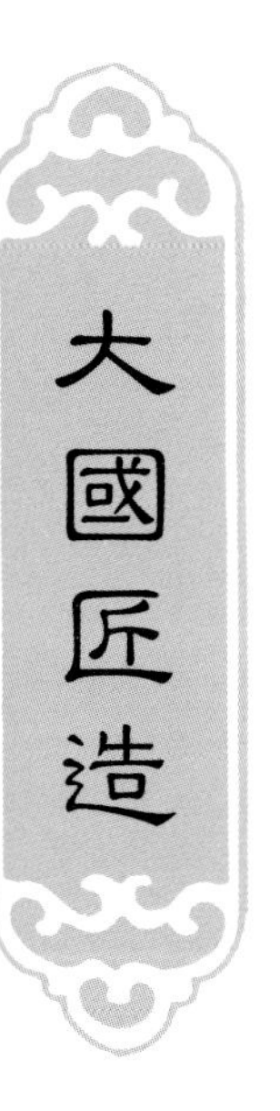

主视图

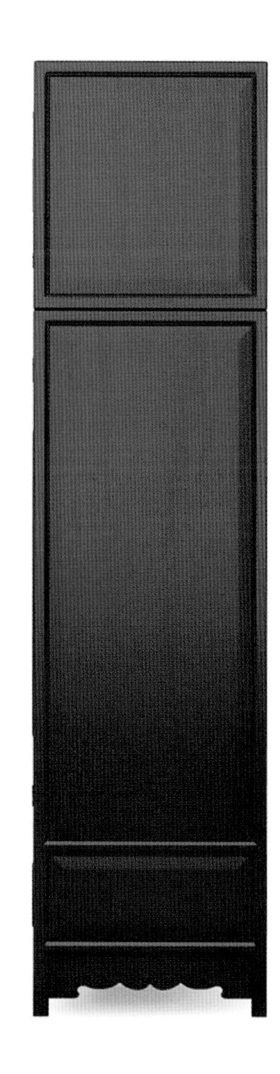

侧视图

精雕图

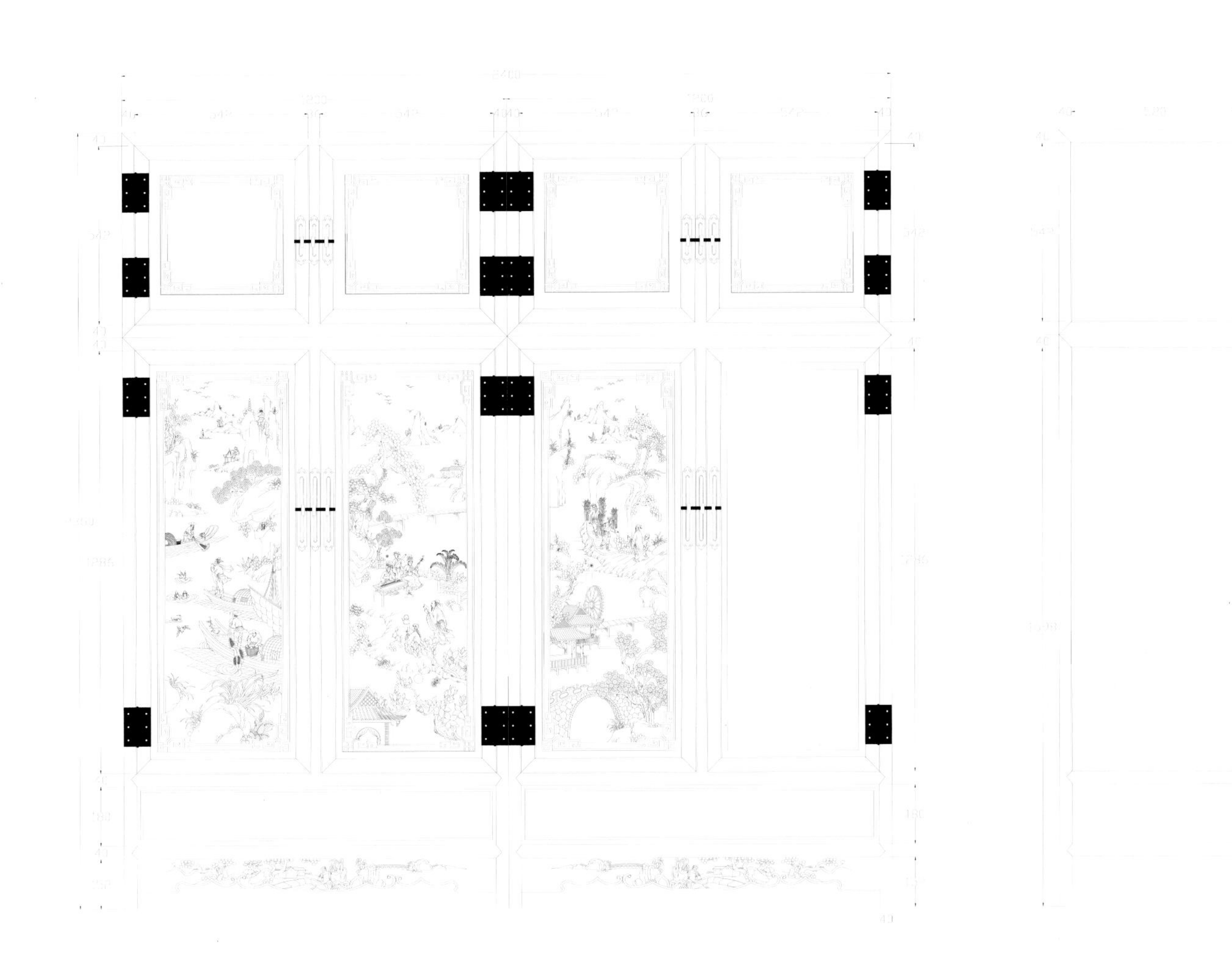

CAD 结构图

精雕图

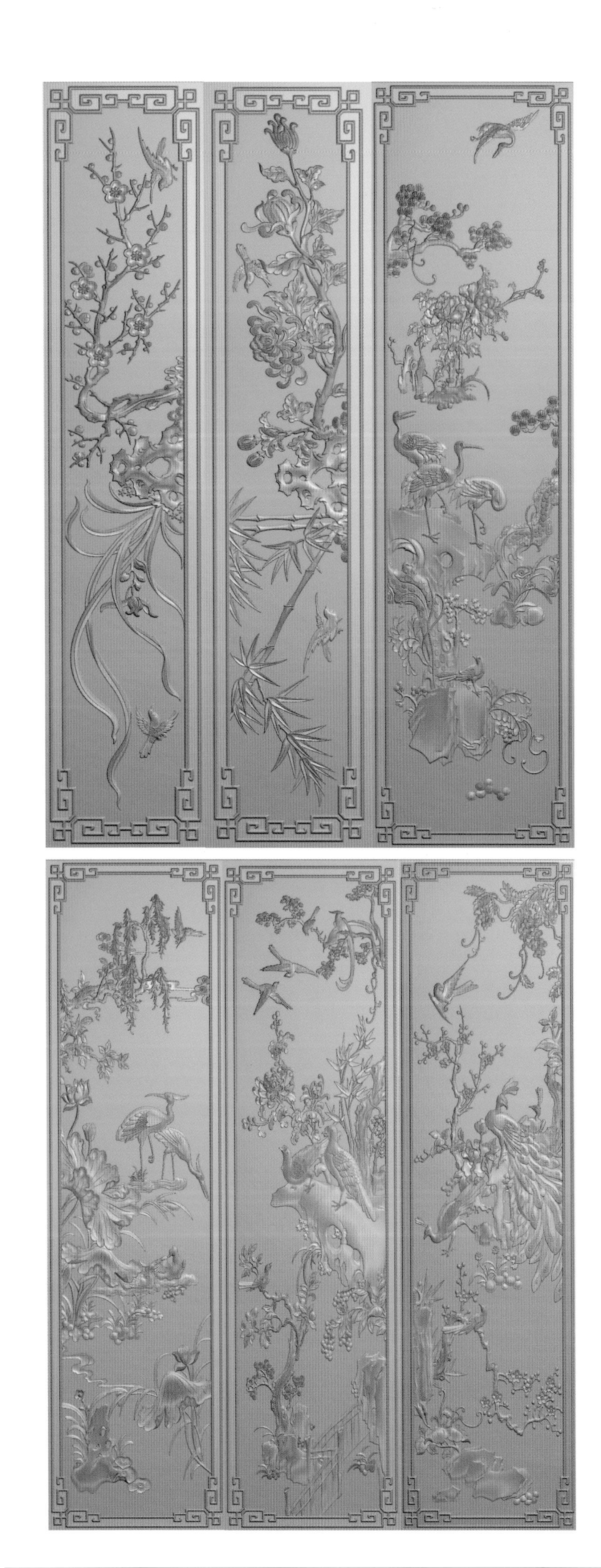

精雕图

顶箱柜 01

透视图

款式点评：

此柜呈齐头立方式。柜门雕花鸟纹，柜门之间装有条面页，以黄铜合叶与柜身相连。柜腿之间装有牙板，牙板雕刻回纹，雕工精致，造型古朴优雅。

主视图

侧视图

精雕图

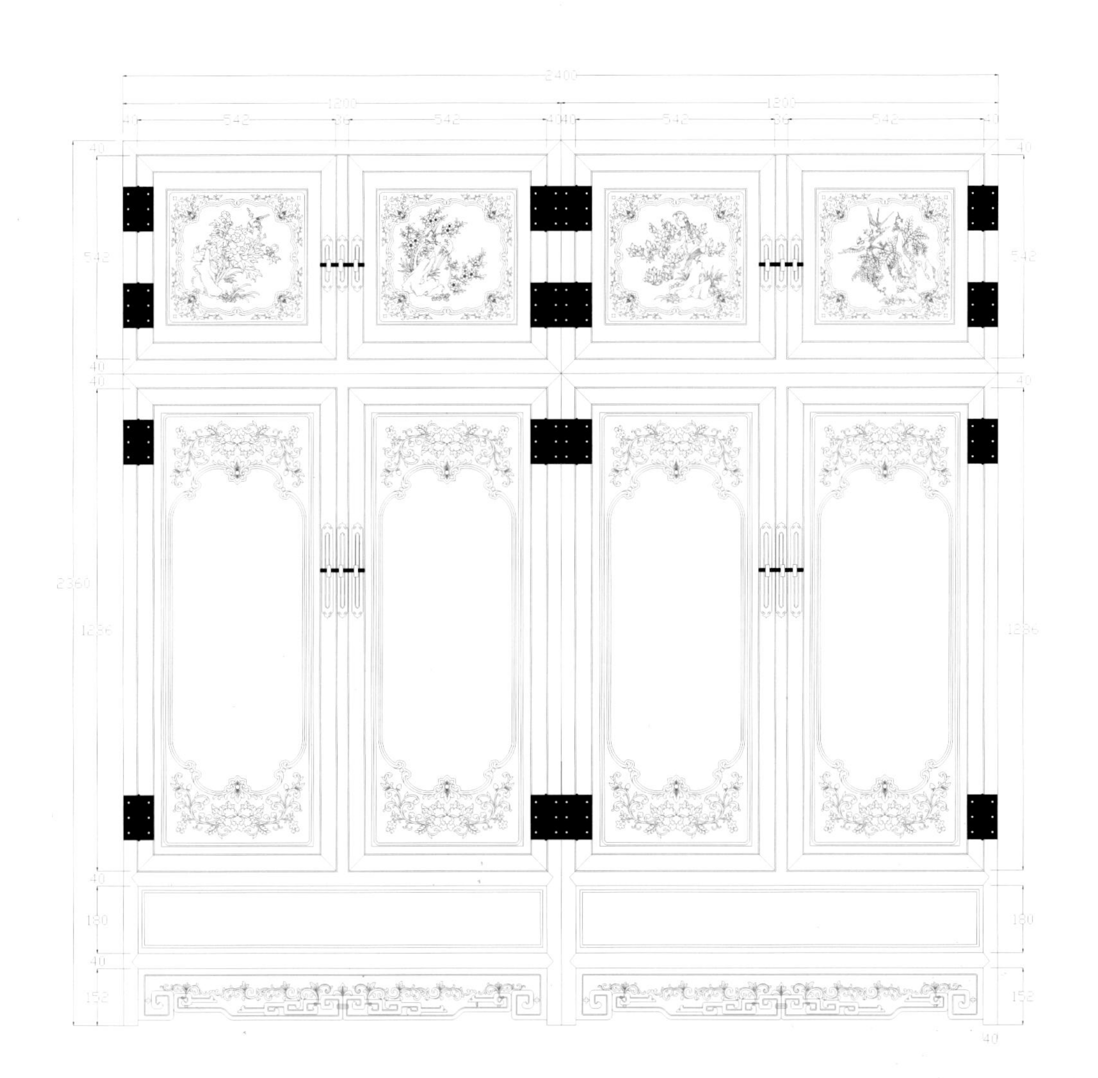

CAD 结构图

精雕图

顶 箱 柜 02

透视图

款式点评：

此柜呈齐头立方式。柜门雕花鸟纹，柜门之间装有条面页，以黄铜合叶与柜身相连。柜腿之间装有牙板，牙板光素，雕工精致，造型古朴优雅，整体显着瑞气十分。

主视图

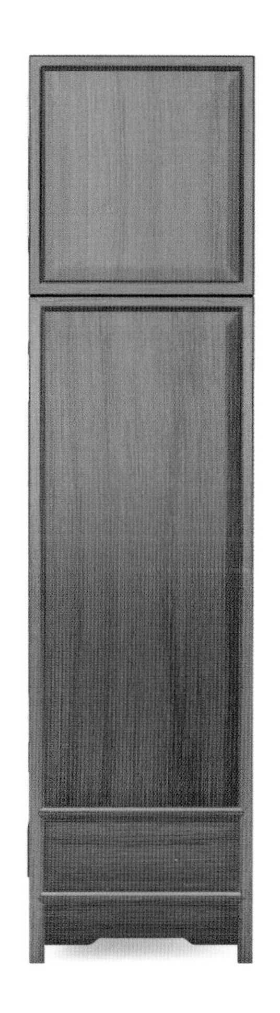

侧视图

精雕图

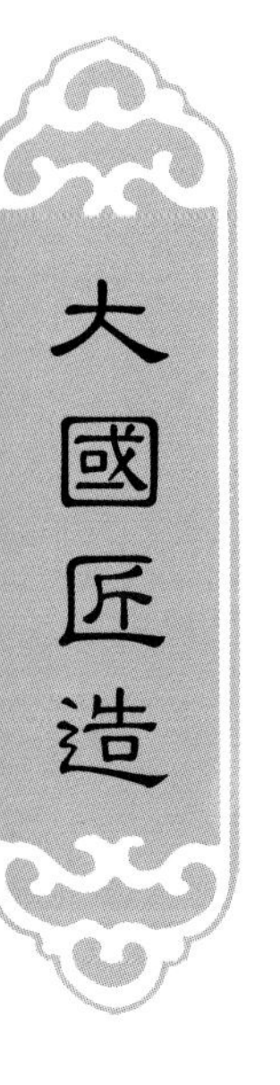
大國匠造

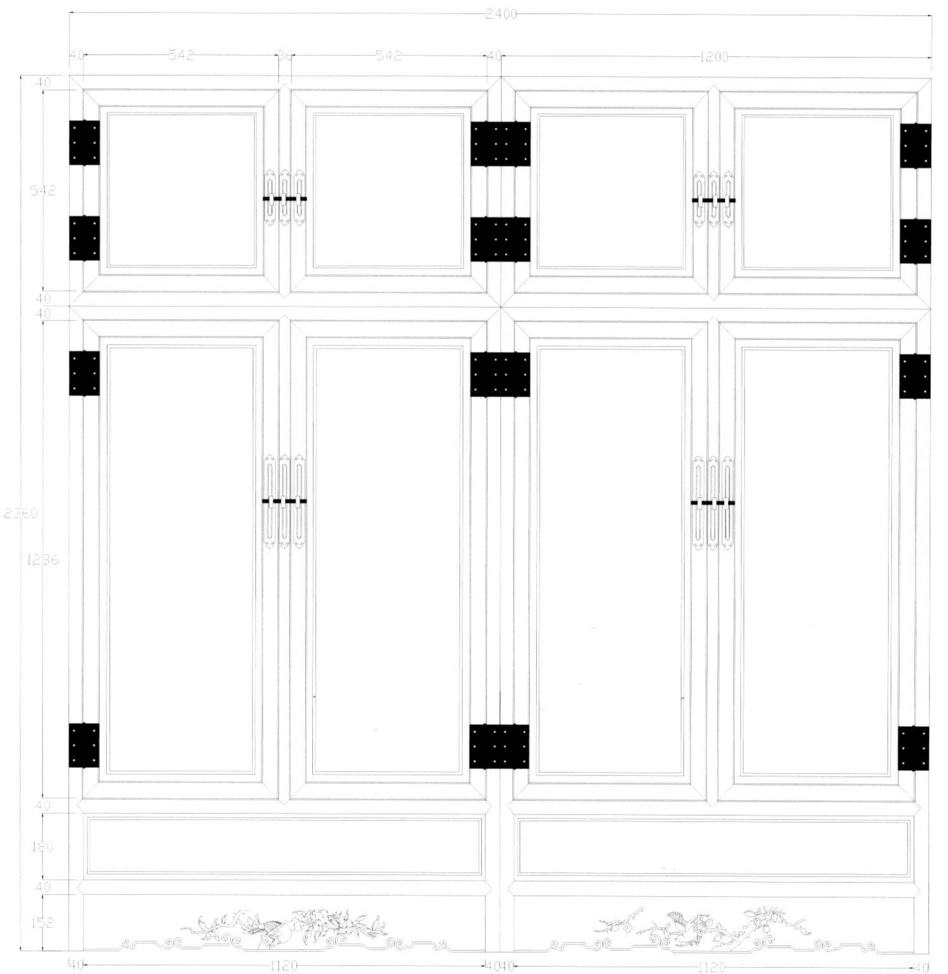
2400
40
542
542
40
1200
40
542
40
40
2360
1236
40
180
40
152
40
1120
4040
1120
40

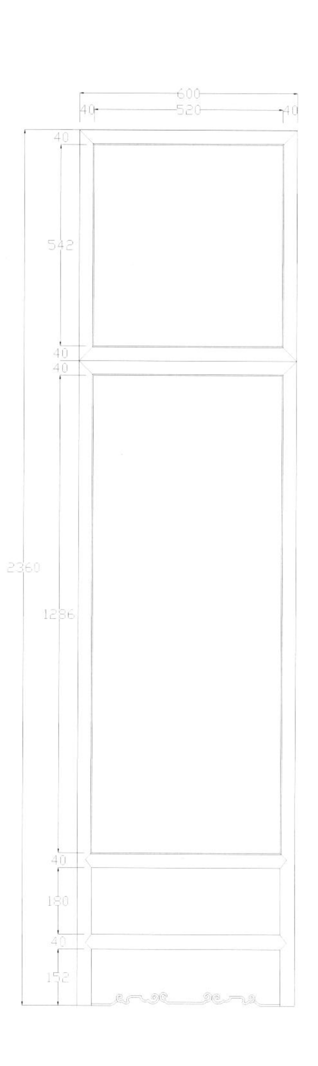
600
40
520
40
40
542
40
40
2360
1236
40
180
40
152

CAD 结构图

孔雀顶箱柜

透视图

款式点评：

此柜呈齐头立方式。柜门雕花鸟孔雀纹，柜门之间装有条面页，以黄铜合叶与柜身相连。柜腿之间装有牙板，牙板松树纹式，雕工精致，造型古朴优雅，整体显着优雅秀气。

主视图

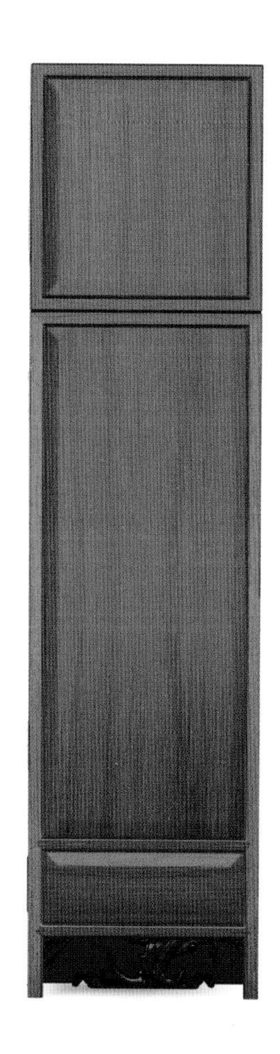

侧视图

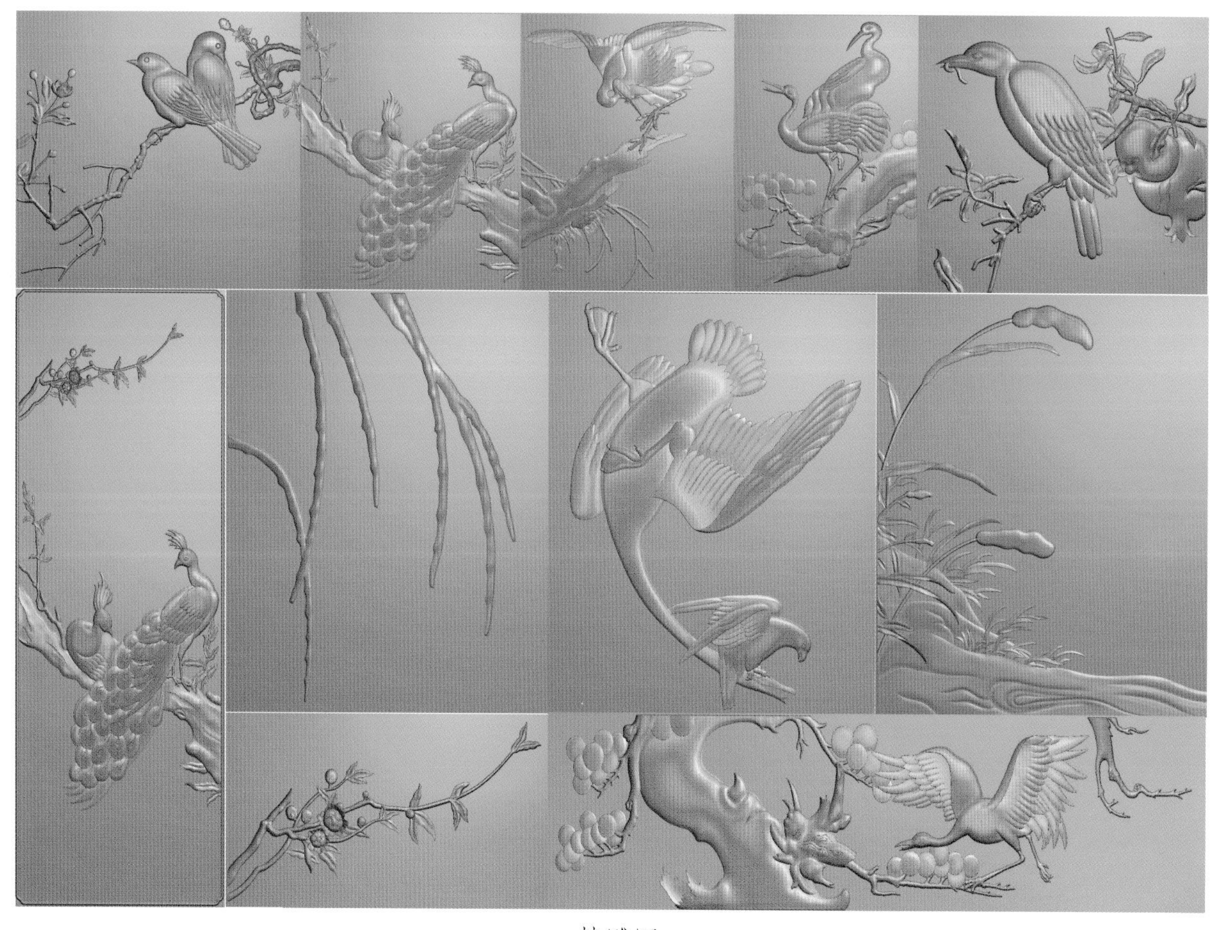

精雕图

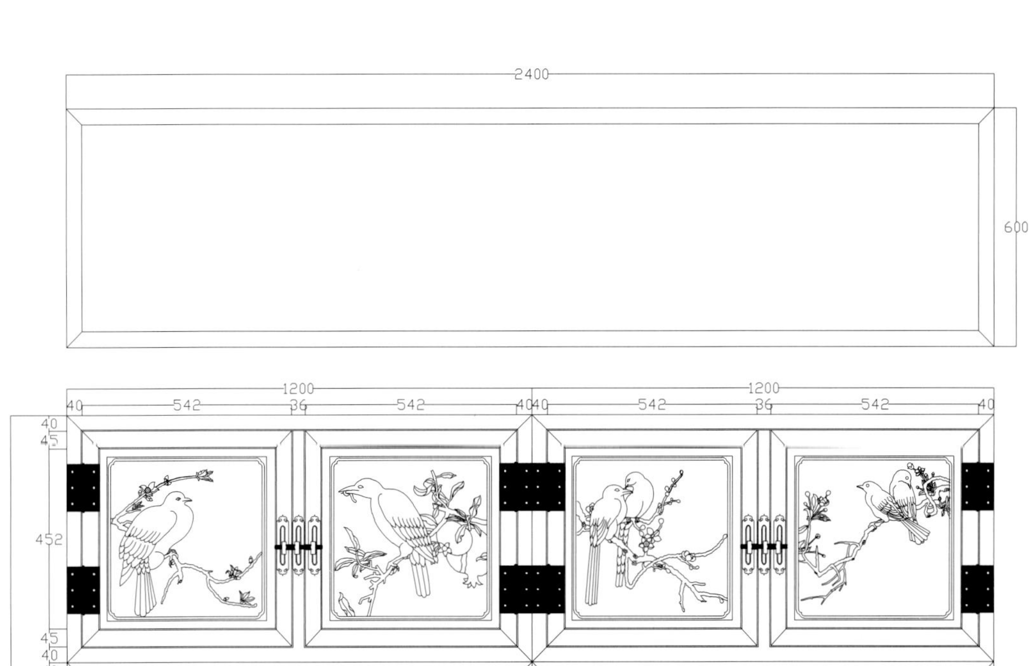

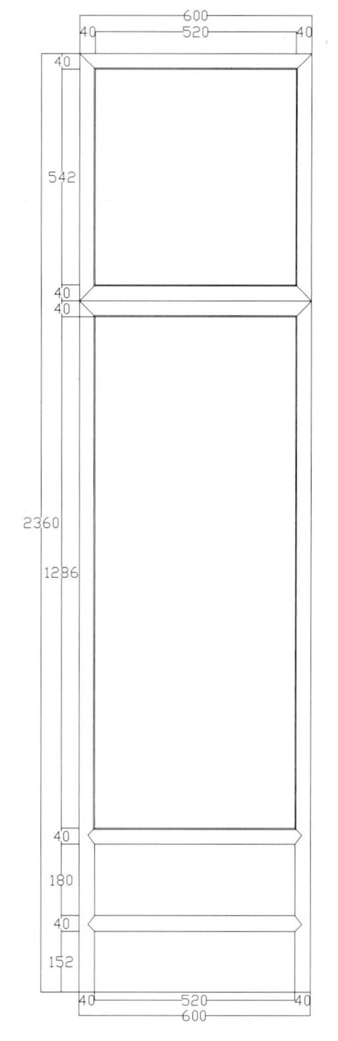

CAD 结构图

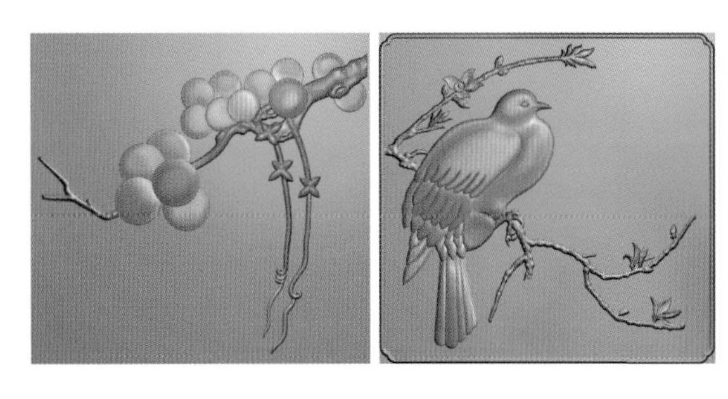

精雕图

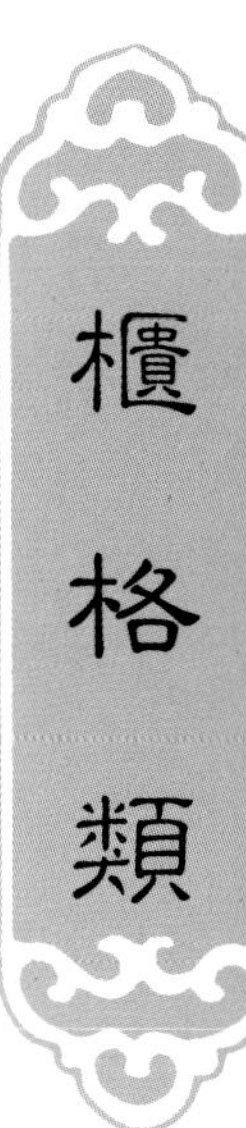

精品多宝阁

款式点评：

此这件精美绝伦的精品多宝格融合一流的选料、精湛的技艺、完美的设计于一体，与深藏于清宫的龙凤多宝格陈列柜相似，秉承传世古典工艺的要领，产品结构严谨，线条优美，造型大气，堪称明清风格的典范，让人赏心悦目。其多宝格通身满雕纹式，以凤纹为主。多宝格不仅是精美雕工的展示，更承载了中华的古典文化，其文化意蕴深厚。

透视图

主视图

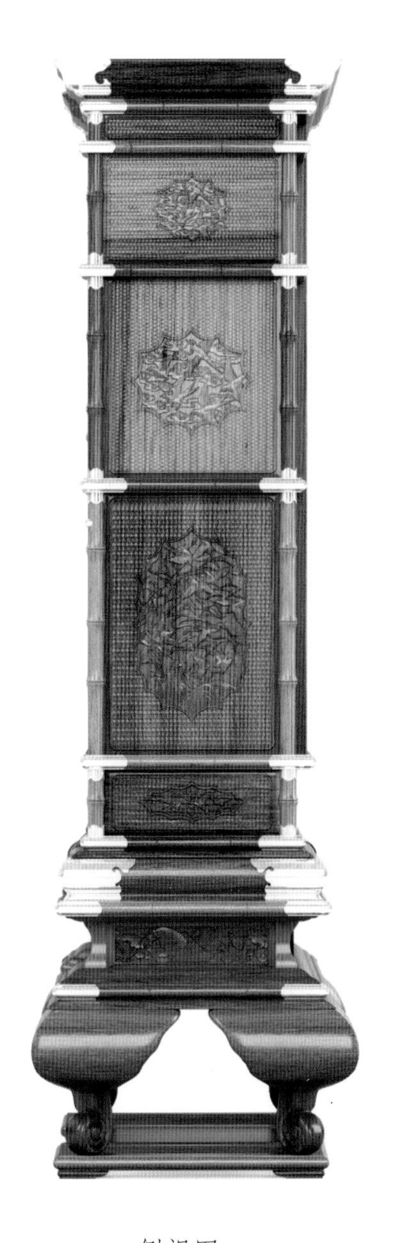

侧视图

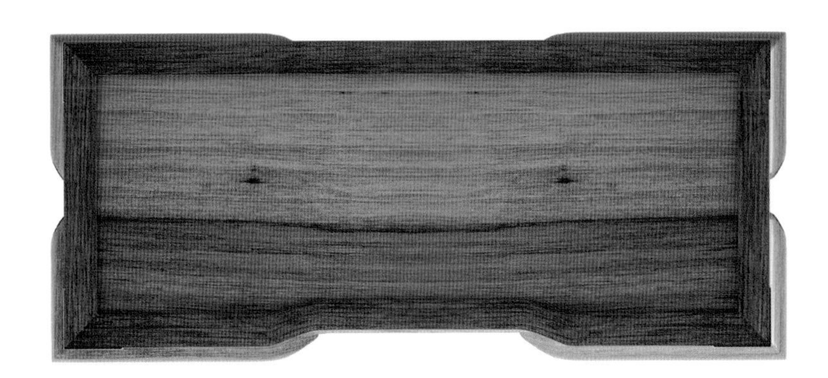

俯视图

精雕图

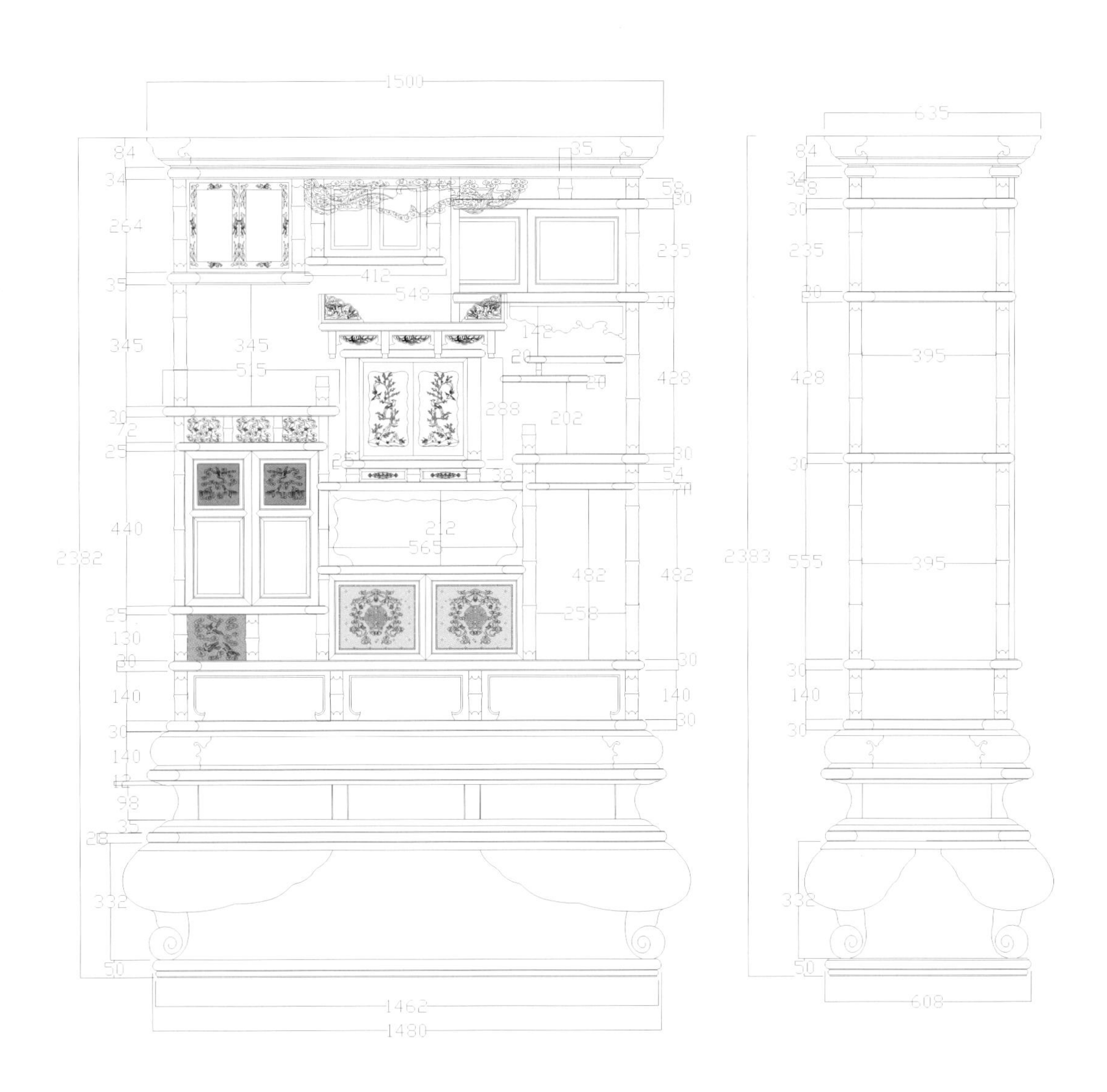

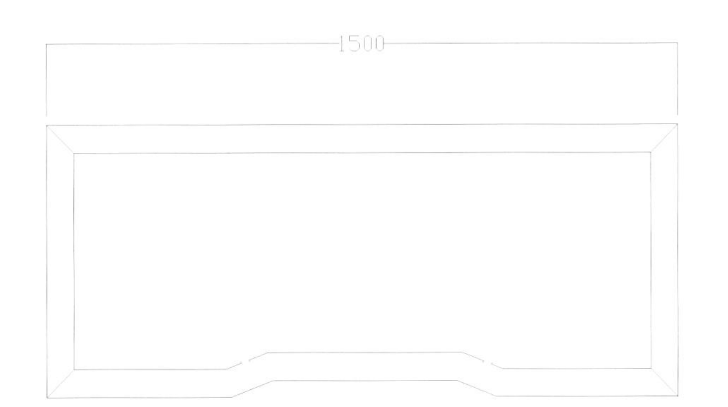

CAD 结构图

龙纹顶箱柜

透视图

款式点评：

此柜呈齐头立方式。柜门雕云龙纹，柜门之间装有条面页，以黄铜合叶与柜身相连。柜腿之间装有牙板，牙板雕云龙纹式，雕工精致，造型古朴优雅，整体显着瑞气十足。

主视图

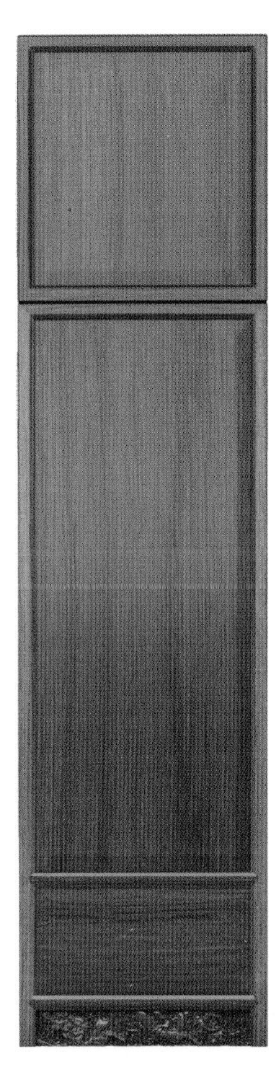

侧视图

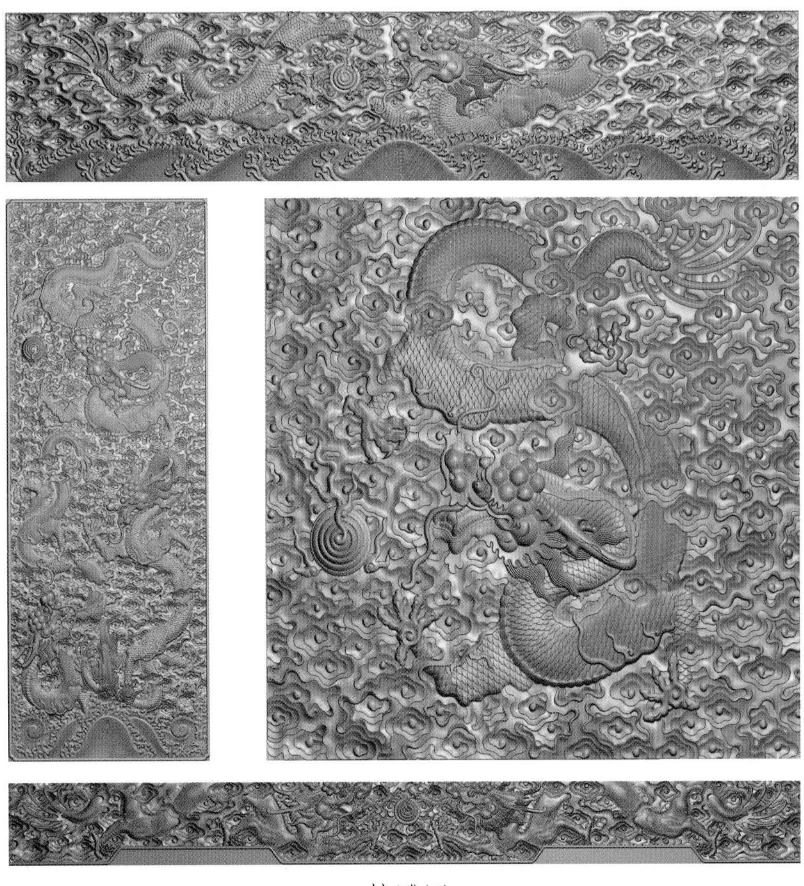

精雕图

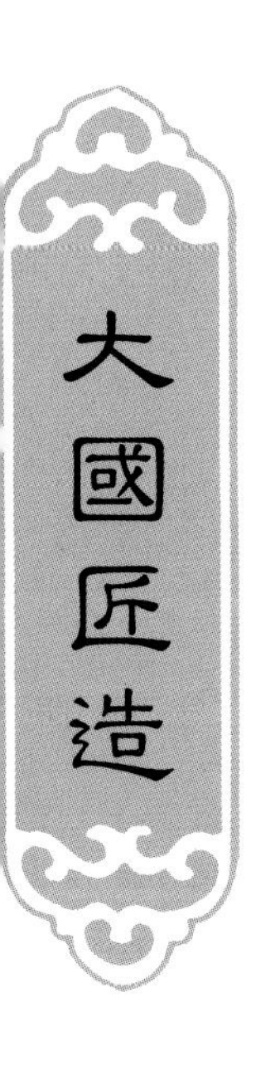

CAD 结构图

花鸟檀雕顶箱柜

透视图

款式点评：

此柜呈齐头立方式。柜门雕花鸟纹式，柜门之间装有条面页，以黄铜合叶与柜身相连。柜腿之间装有牙板，牙板雕花鸟纹式，雕工精致，造型古朴优雅。

主视图

侧视图

精雕图

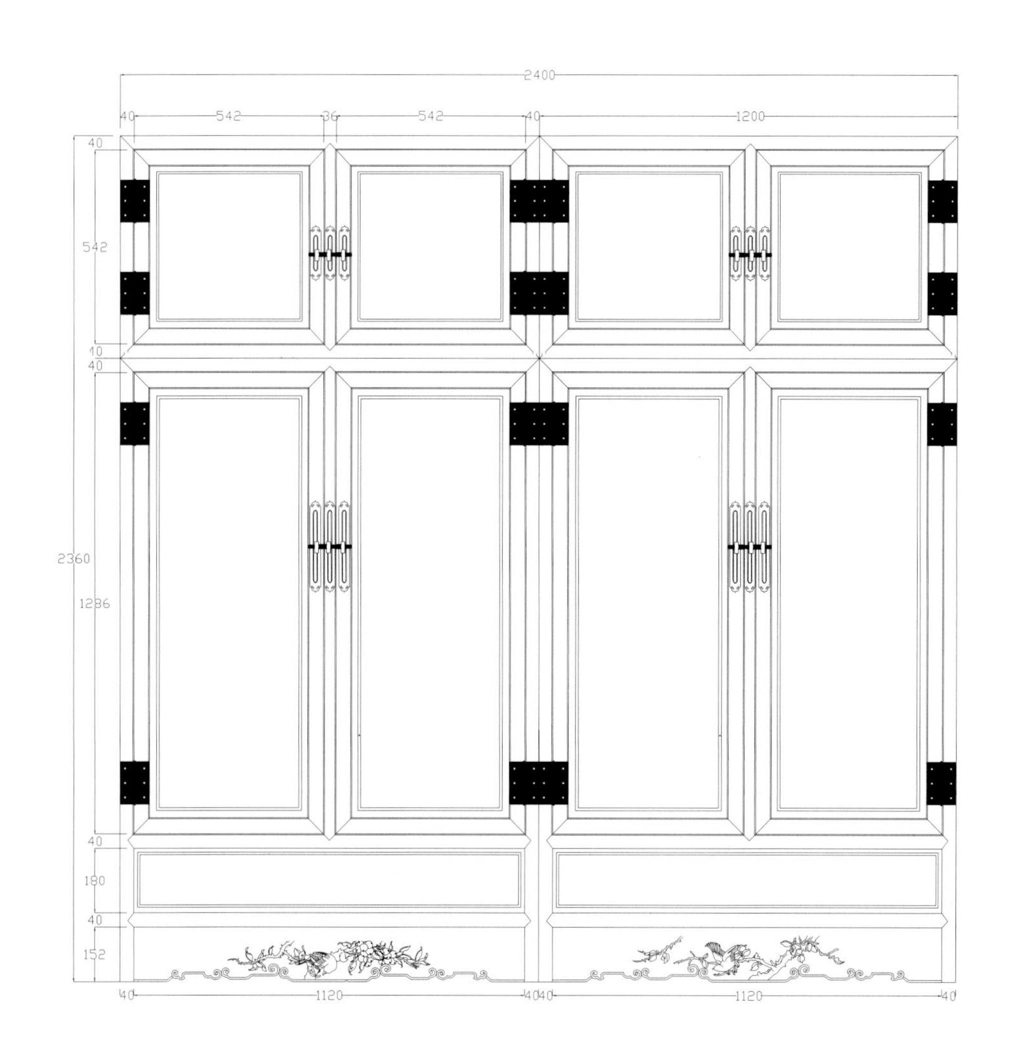
2400
40
542
36
542
40
1200
2360
1286
180
152
1120
40
1120
40

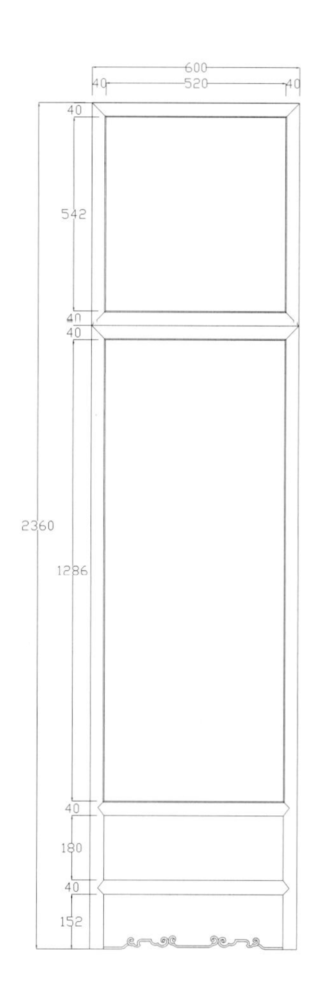
600
40
520
40
542
40
2360
1286
180
152

CAD 结构图

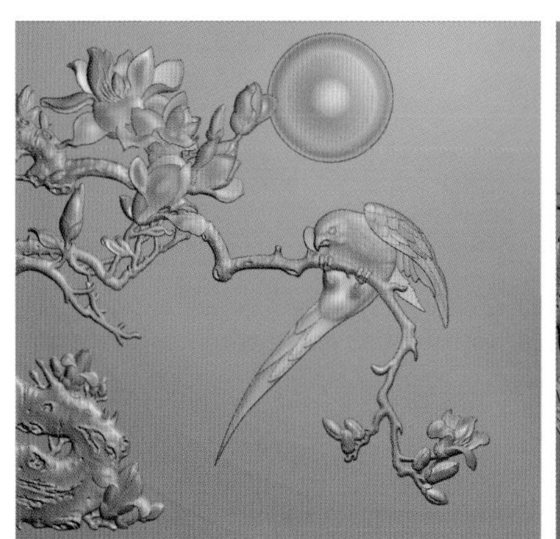

精雕图

櫃格類

清明上河图衣柜

透视图

款式点评：

此柜呈齐头立方式。柜门雕清明上河图，柜门之间装有条面页，以黄铜合叶与柜身相连。柜腿之间装有牙板，牙板光素无雕饰，整体雕工精致，造型华丽。

主视图

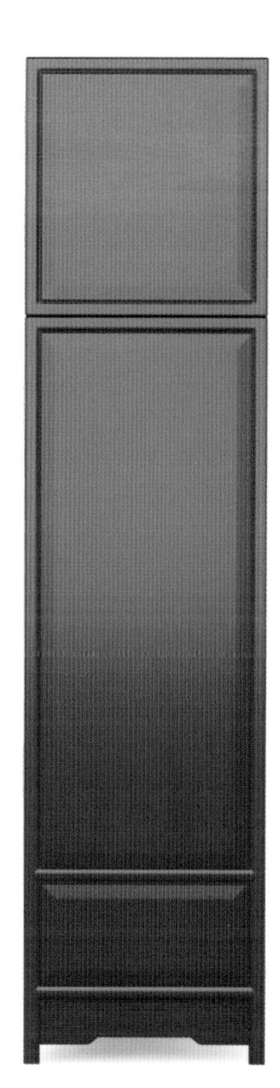

侧视图

精雕图

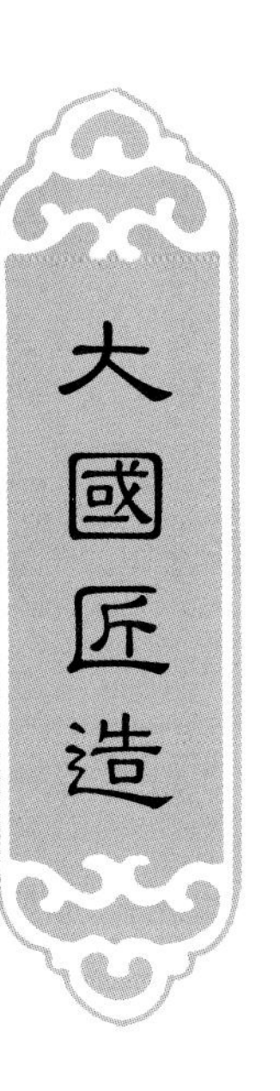

CAD 结构图

精雕图

三国顶箱柜

透视图

款式点评：

此柜呈齐头立方式。柜门雕有三国人物故事，柜门之间装有条面页，以黄铜合叶与柜身相连。柜腿之间装有牙板，牙板雕刻风景图样，雕工精致，造型华丽。

主视图

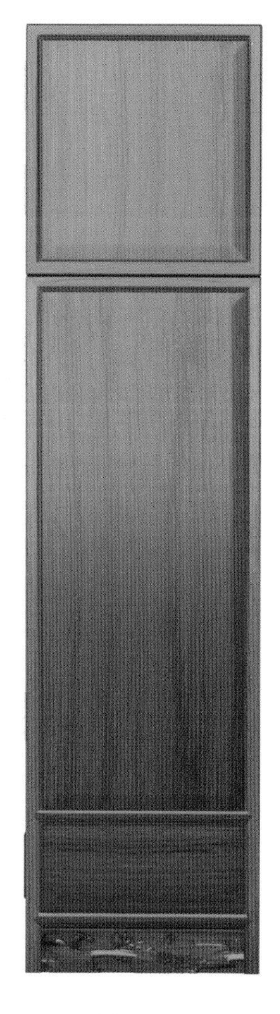

侧视图

精雕图

CAD 结构图

精雕图

松鹤顶箱柜

透视图

款式点评：

此柜呈齐头立方式。柜门浮雕松鹤纹样，柜门之间装有条面页，以黄铜合叶与柜身相连。柜腿之间装有牙板，牙板雕刻松鹤纹、雕工精致，造型华丽。

主视图

侧视图

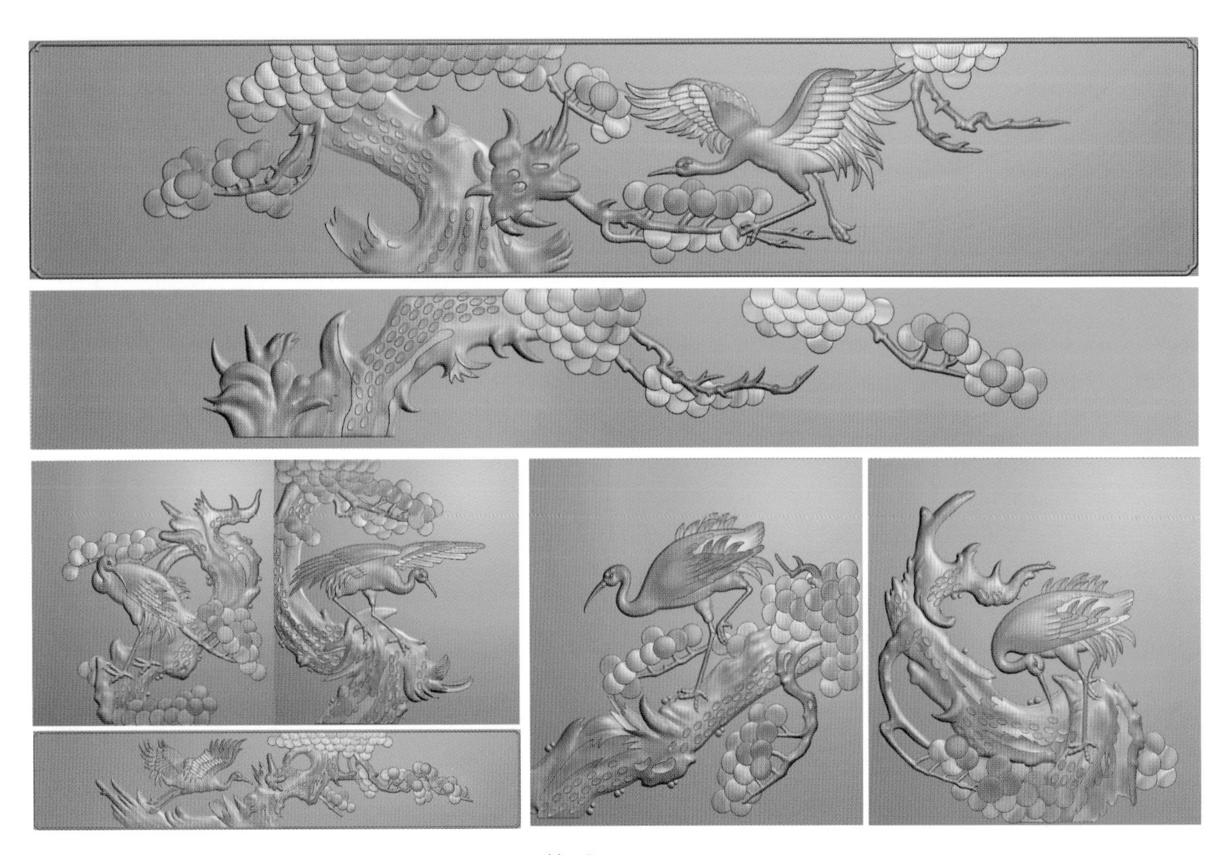

精雕图

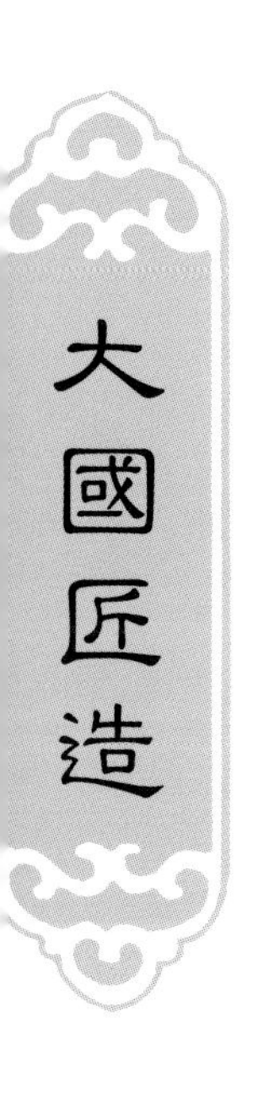

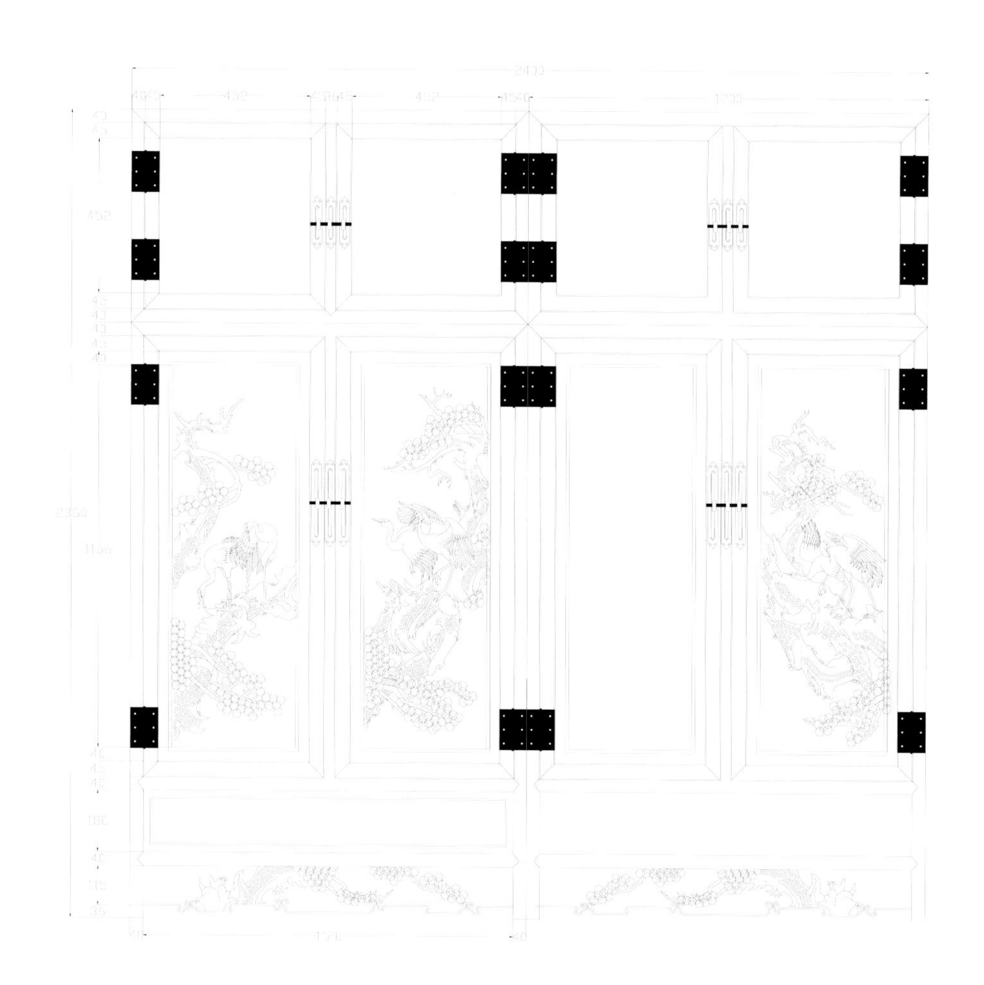

CAD 结构图

精雕图

附：明清宫廷府邸古典家具图录
（含部分新古典家具款式）

柜子的使用大约始于夏商时期，古时的“柜”，并非我们今天所见之柜，倒很像我们现在所见的箱子。到了汉代，才有了区别于现今所谓“箱”的小柜子，柜呈长方形，下有四足，柜顶中部有可以开启的柜盖，并装有暗锁，柜身以乳钉作装饰。到唐代，有了较大的柜，能放置多件物品。宋代开始，已有专用的书柜，柜身呈方形，正面对开两门，内装两屉分为三格物。明代之后，柜架类的品种更为丰富。

从功能上区分，大致可分为四类：

（1）卧室类：顶箱柜、官帽柜等；

（2）书房类：万历柜、网背书架、门书柜、千秋书架等；

（3）珍玩类：多宝格、珍宝柜、博古柜等；

（4）厨房类：亮格柜、碗橱等。

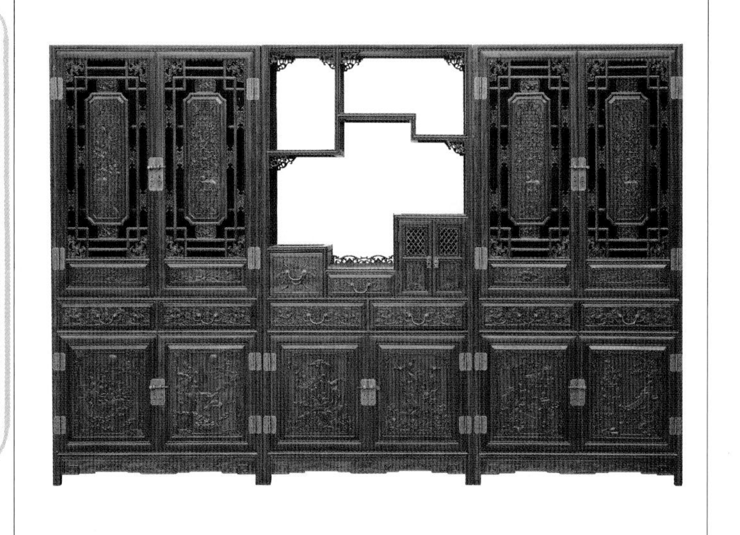

名称：书柜

名称：书柜

名称：书柜

名称：书柜

名称：书柜

名称：书柜

名称：书柜

名称：书柜

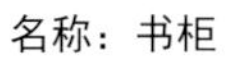

名称：书柜

名称：书柜

名称：书柜

名称：书柜

名称：书柜

名称：书柜

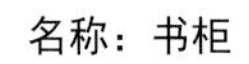
名称：书柜

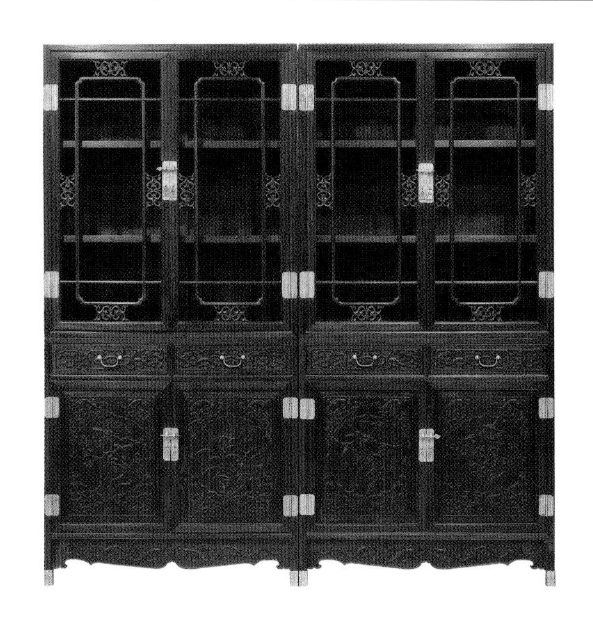
名称：书柜

名称：书柜

名称：书柜

名称：书柜

名称：书柜

名称：转角柜

名称：转角柜

名称：书柜

名称：书柜

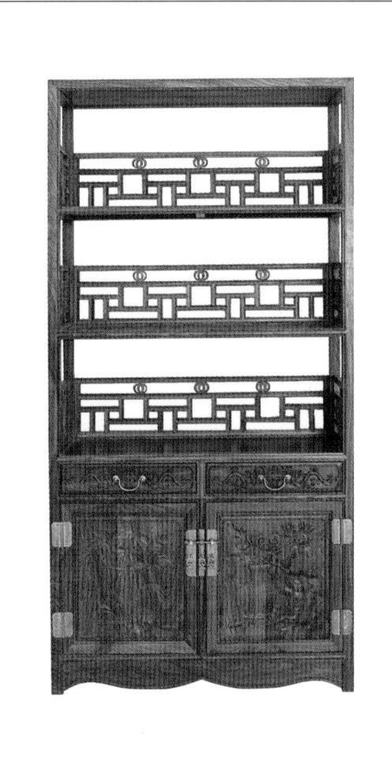

名称：书架

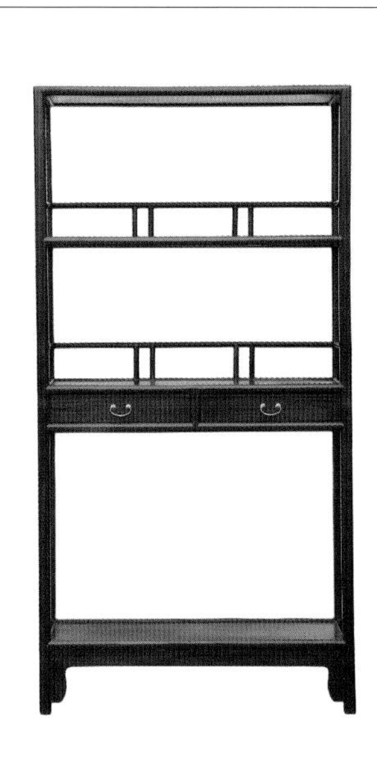

名称：书架

名称：书架

名称：书架

名称：书架

名称：书架

名称：书架

名称：书架

名称：书架

名称：书架

名称：书柜

名称：书柜

名称：书架

名称：书架

名称：书架

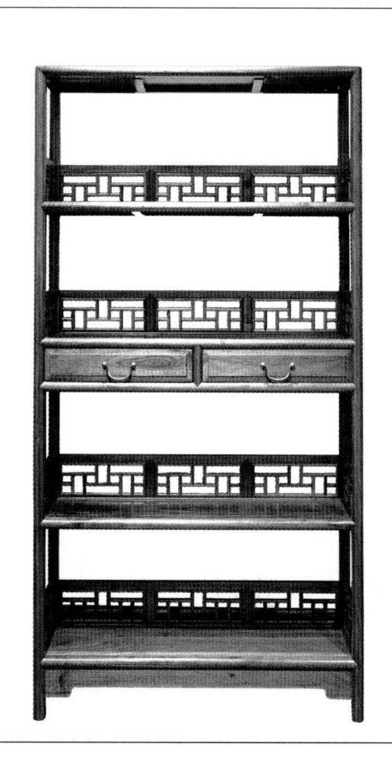

名称：书架

名称：书架

名称：书架

名称：书柜

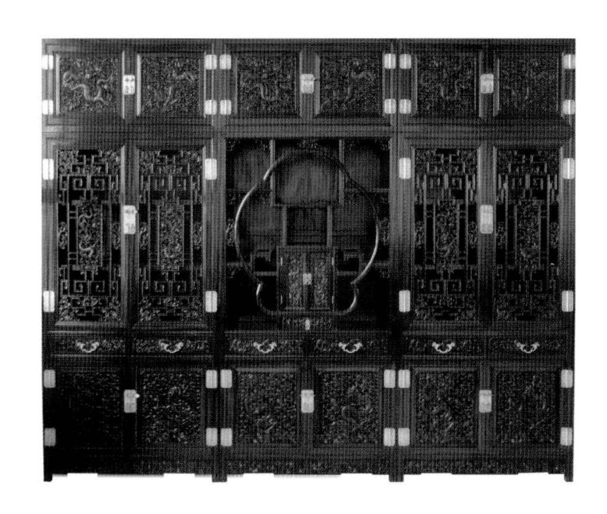

名称：书柜

名称：书架

名称：书架

名称：书架

名称：书架

名称：博古架

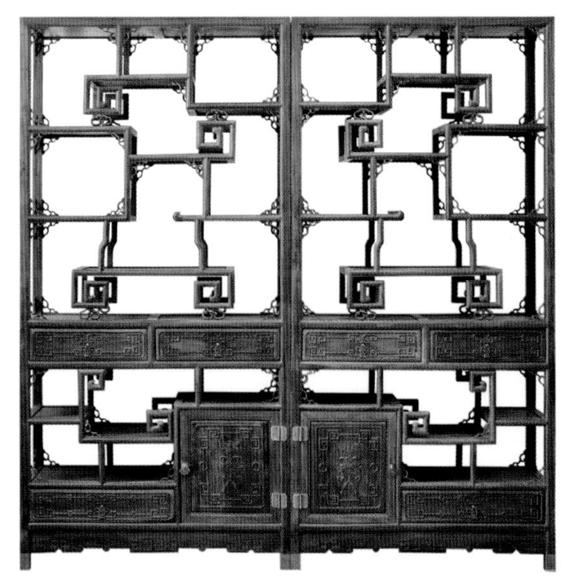

名称：博古架

名称：圆形博古架

名称：圆形博古架

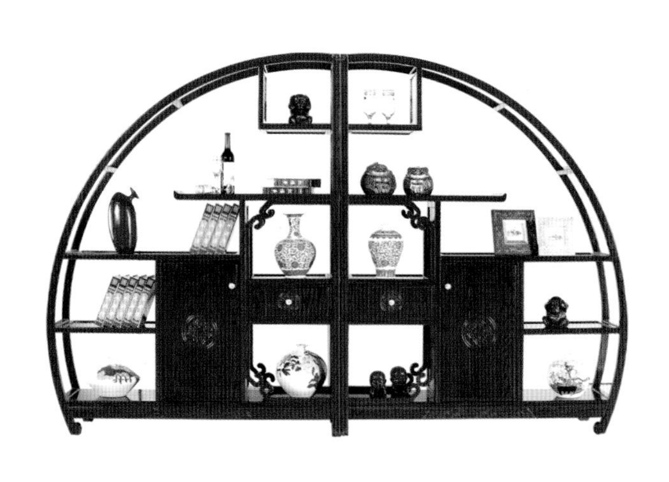

名称：圆形博古架

名称：龙凤阁博古架

名称：书架

名称：书架

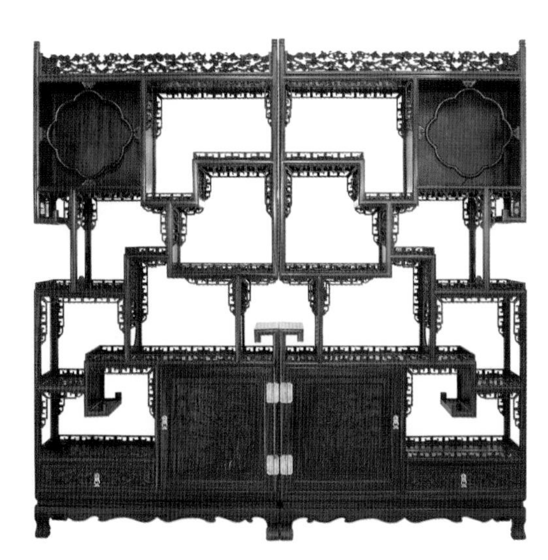

名称：博古架

名称：博古架

名称：餐边柜

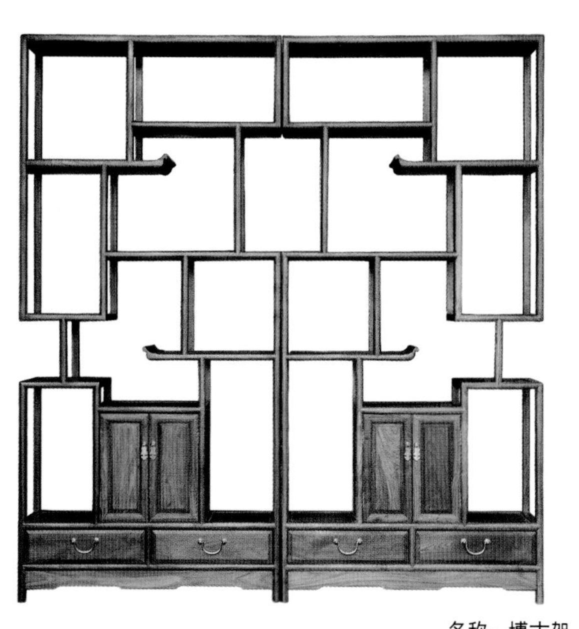
名称：博古架

名称：博古架

名称：博古架

名称：博古架

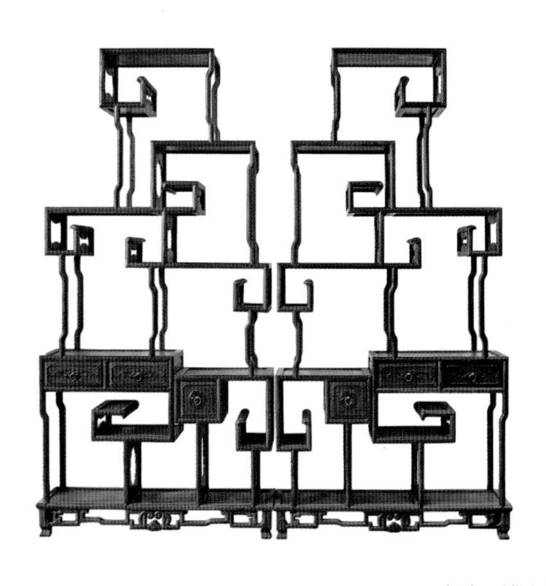
名称：博古架

名称：博古架

名称：博古架

名称：博古架

名称：博古架

名称：博古架

名称：博古架

名称：博古架

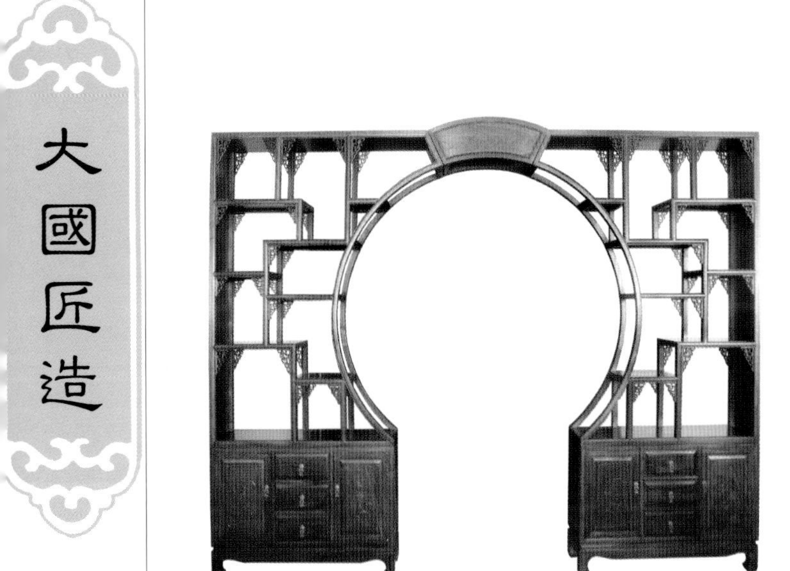
名称：博古架

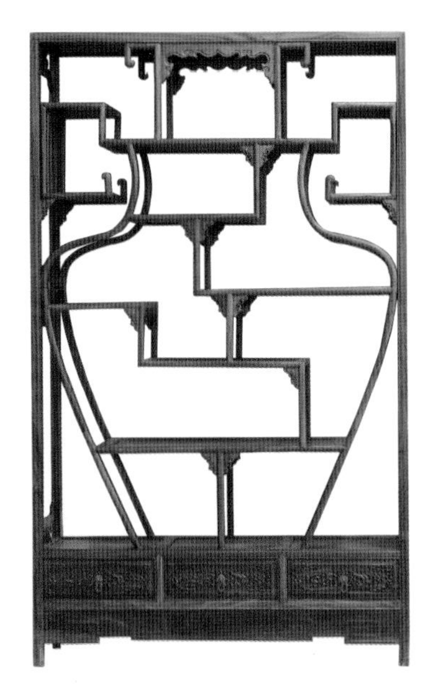
名称：博古架

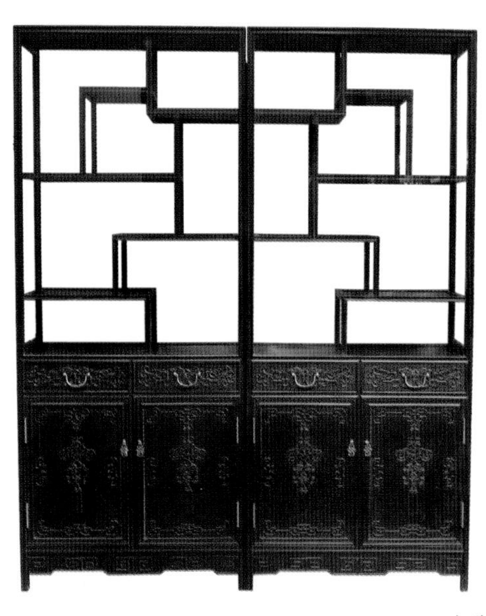
名称：博古架

名称：万历柜

名称：博古架

名称：博古架

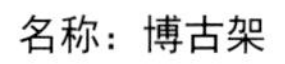

名称：博古架

名称：博古架

名称：博古架

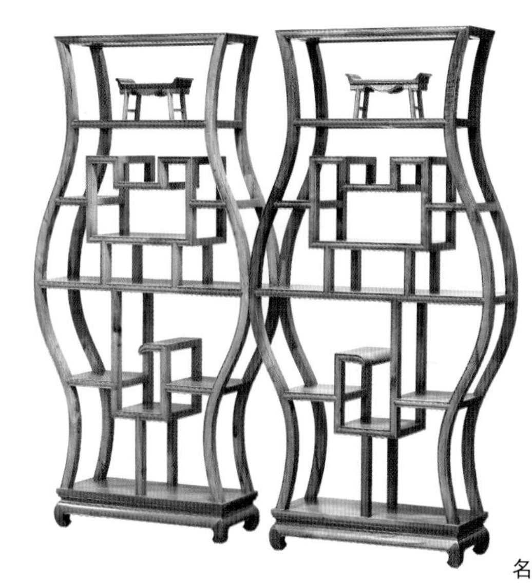

名称：博古架

名称：博古架

名称：万历柜

名称：万历柜

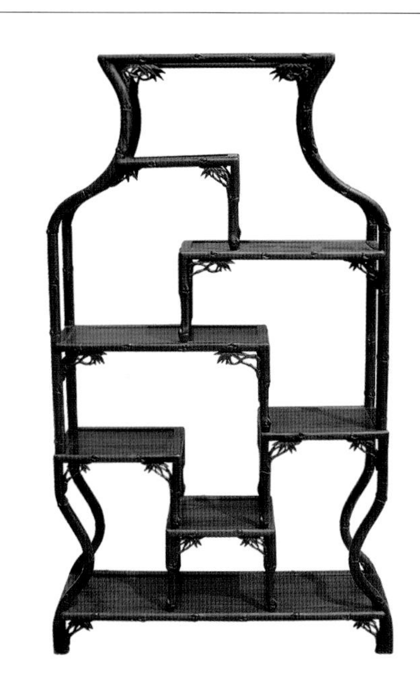
名称：博古架

名称：万历柜

名称：博古架

名称：博古架

名称：餐边柜

名称：博古架

名称：博古架

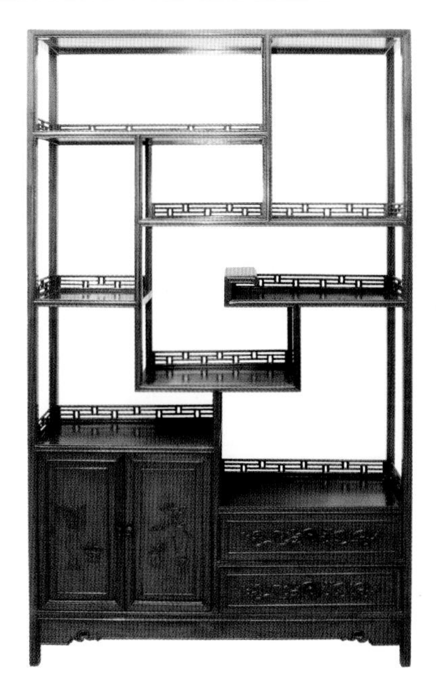

名称：博古架

名称：万历柜

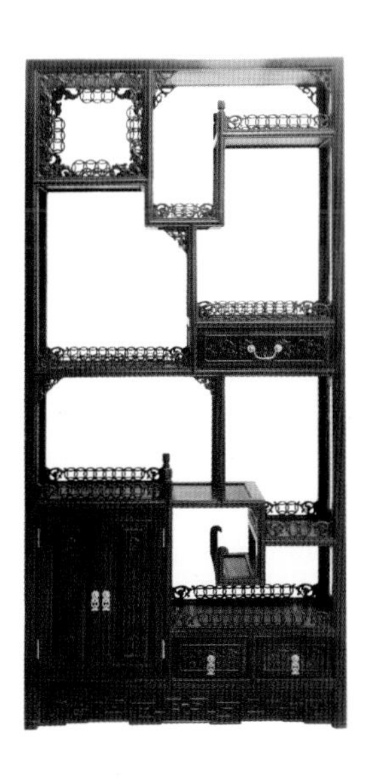

名称：博古架

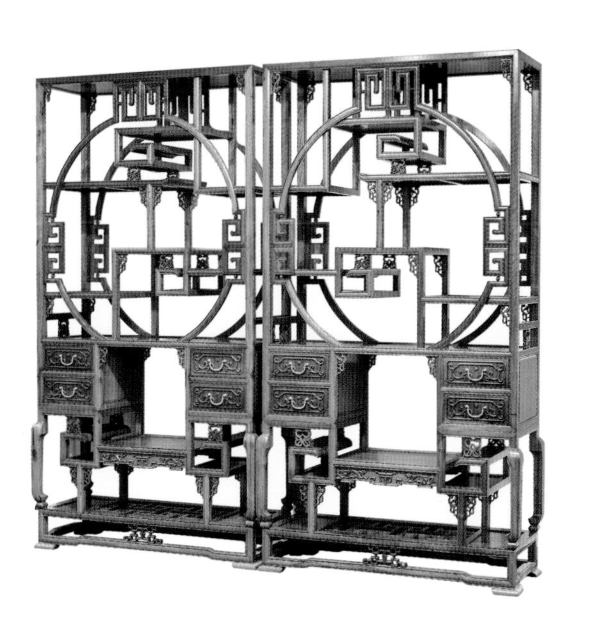

名称：博古架

名称：博古架

名称：博古架

名称：博古架

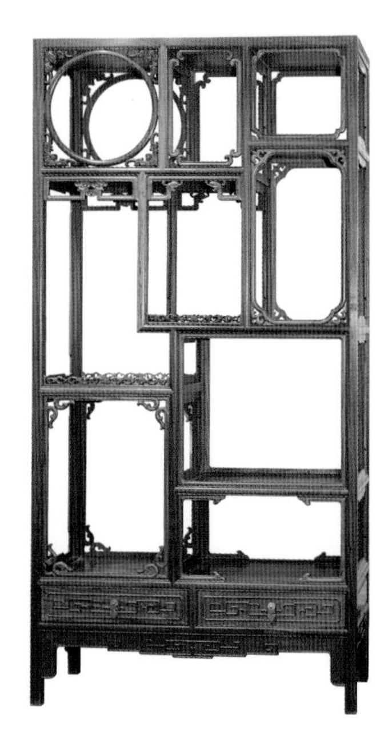

名称：博古架

名称：博古架

名称：博古架

名称：博古架

名称：万历柜

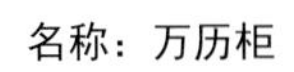

名称：万历柜

名称：万历柜

名称：博古架

名称：博古架

名称：万历柜

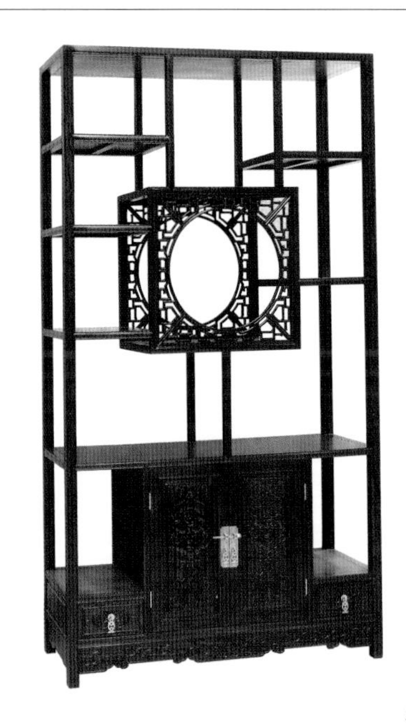

名称：博古架

名称：万历柜

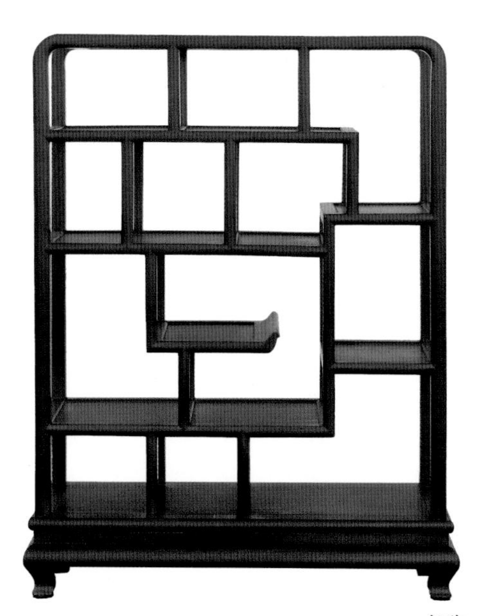

名称：博古架

名称：万历柜

名称：博古架

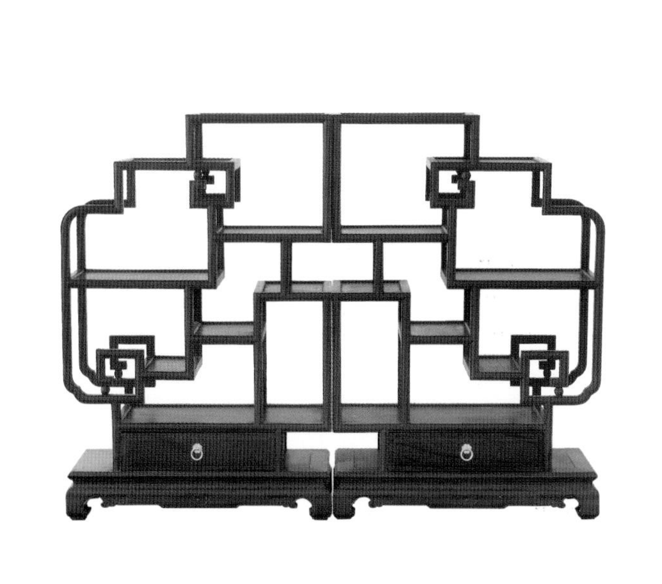

名称：博古架

名称：万历柜

名称：万历柜

名称：万历柜

名称：博古架

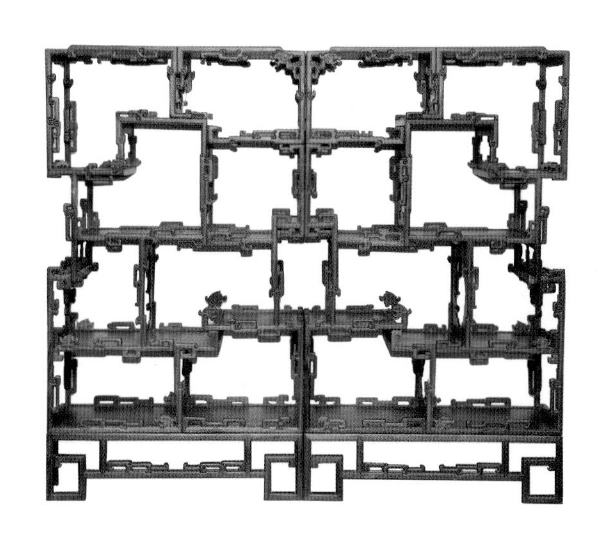

名称：博古架

名称：龙凤博古架

名称：龙凤博古架

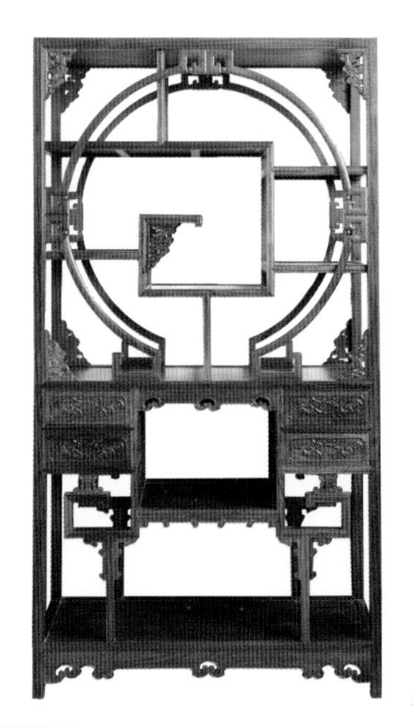
名称：博古架

名称：铜钱圆形博古架

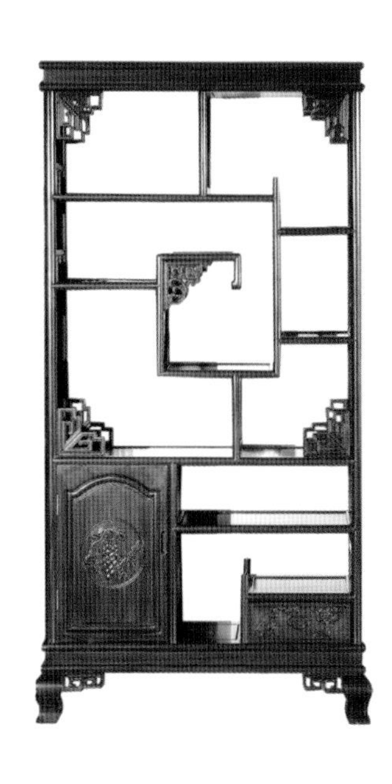
名称：多宝阁

名称：菩提博古架

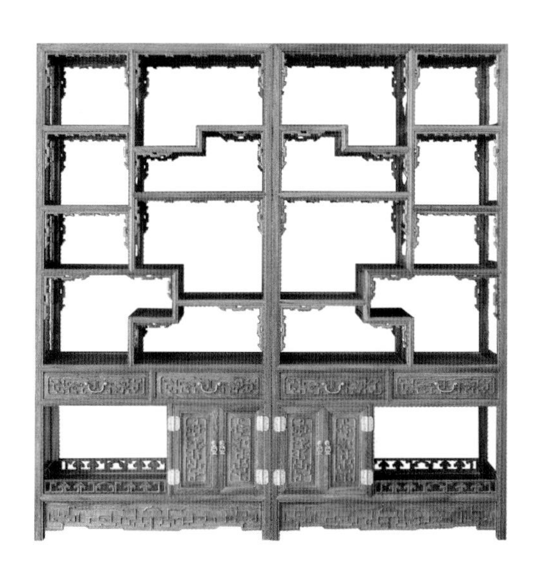
名称：博古架

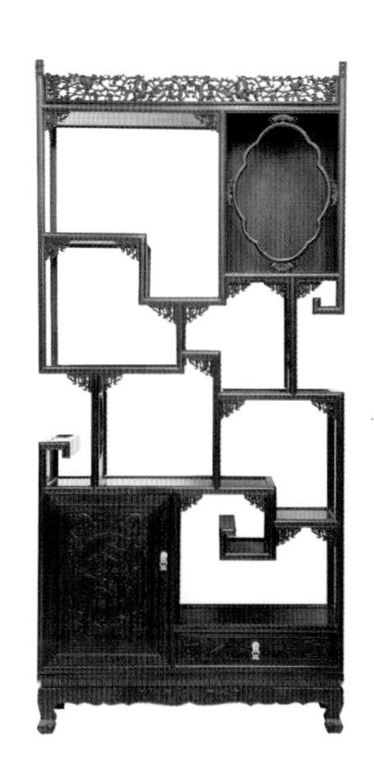
名称：博古架

名称：万历柜

名称：万历柜

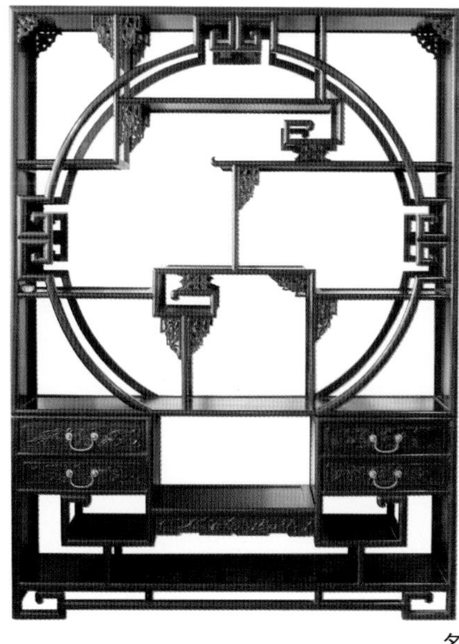
名称：博古架

名称：博古架

名称：博古架

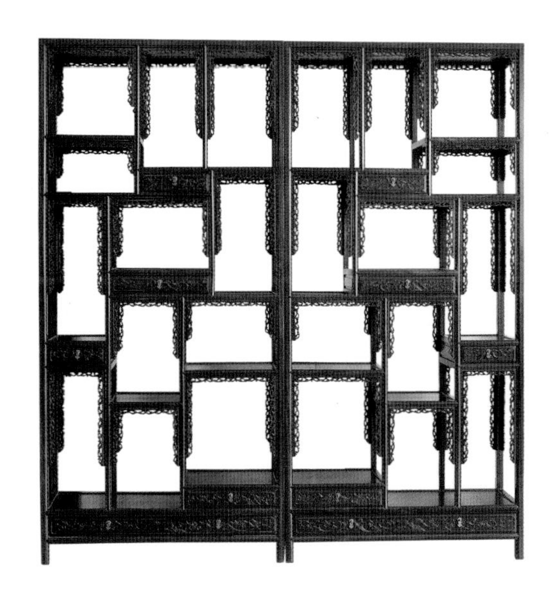

名称：博古架

名称：博古架

名称：博古架

名称：博古架

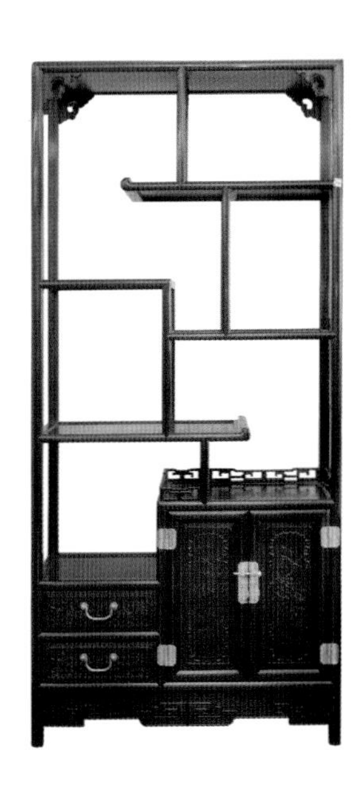

名称：博古架

名称：博古架

名称：博古架

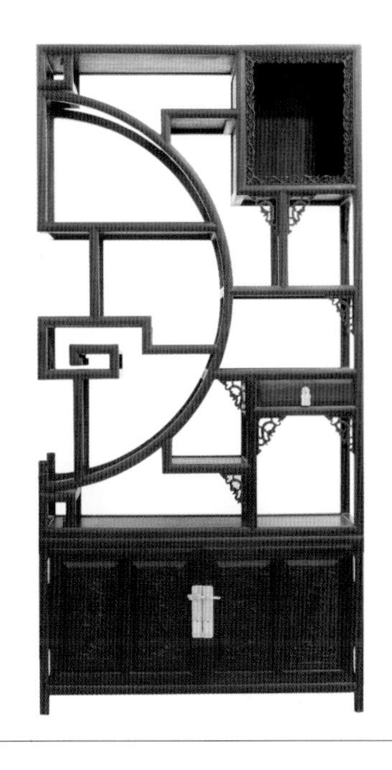

名称：博古架

名称：万历柜

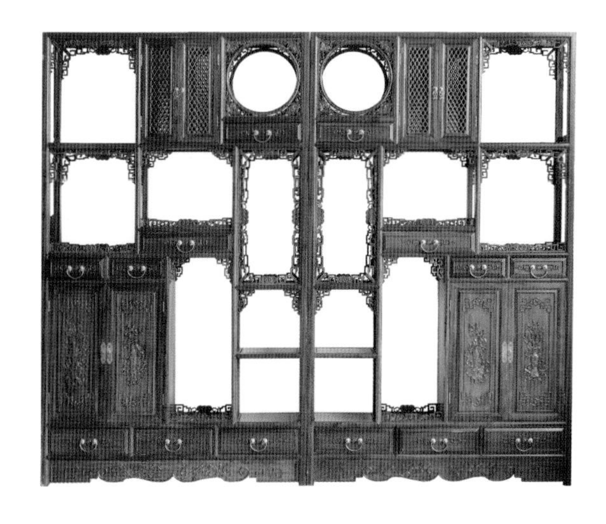

名称：博古架

名称：圆角托柜

名称：双门三抽餐边柜

名称：餐边柜

名称：餐边柜

名称：餐边柜

名称：餐边柜

名称：餐边柜

名称：餐边柜

名称：餐边柜

名称：餐边柜

名称：明式五斗柜

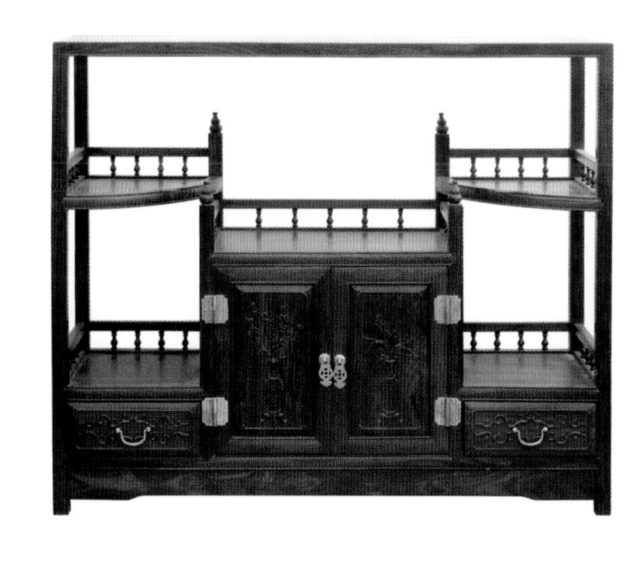

名称：餐边柜

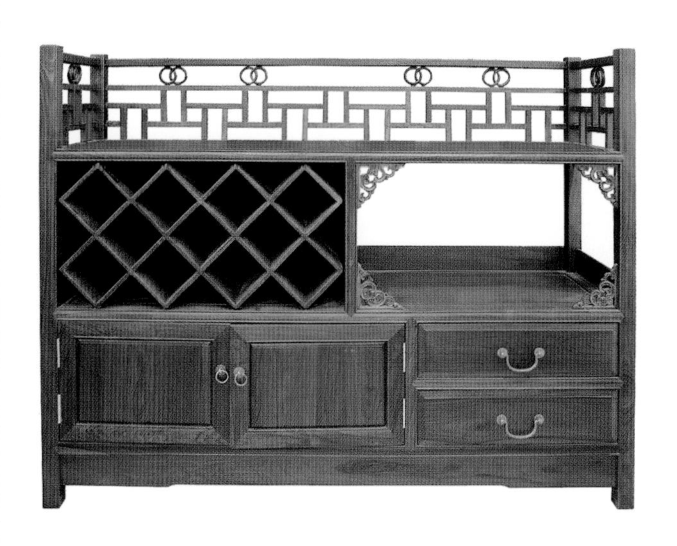

名称：餐边柜

名称：小柜

名称：玄关柜

名称：餐边柜

名称：餐边柜

名称：餐边柜

名称：药材柜

名称：松鹤延年万历柜

名称：杨花玻璃柜

名称：双门鞋柜

名称：隔厅柜

名称：多斗柜

名称：餐边柜

名称：五福隔厅柜

名称：万历柜

名称：梅花五斗柜

名称：九斗柜

名称：明式万历柜

名称：圆角柜

名称：万历柜

名称：万字纹托柜

名称：花鸟万历柜

名称：矮柜

名称：素面圆角柜

名称：明式万历柜

名称：素面圆角柜

名称：三门鞋柜

名称：富贵万历柜

名称：两门两抽小柜

名称：小五斗柜

名称：明式万历柜

名称：小柜

名称：雕龙万历柜

名称：花鸟五斗柜

名称：梳条圆角柜

名称：素面圆角柜

名称：万历柜

名称：简欧圆角酒柜

名称：栅格柜

名称：玫瑰五斗柜

名称：祥云鞋柜

名称：万历柜

名称：酒柜

名称：西潘莲五斗柜

名称：双层圆角柜

名称：素面圆角柜

名称：素面圆角柜

名称：双层圆角柜

名称：梅花附柜

名称：草龙鞋柜

名称：雕龙小柜

名称：素面圆角柜

名称：万历柜

名称：万历柜

名称：素面圆角柜

名称：明式万历柜

名称：雕龙方角柜

名称：圆角托柜

名称：双层圆角柜

名称：雕龙方角柜

名称：人物顶箱柜

名称：仙女散花顶箱柜

名称：三门衣柜

名称：顶箱柜

名称：四季平安顶箱柜

名称：格子纹衣柜

名称：四季平安顶箱柜

名称：园林风光顶箱柜

名称：四季平安顶箱柜

名称：顶箱柜

名称：顶箱柜

名称：渔樵耕读顶箱柜

名称：四大美女顶箱柜

名称：衣柜

名称：四门衣柜

名称：渔樵耕读顶箱柜

名称：百子图顶箱柜

名称：园林风光顶箱柜

名称：园林风光顶箱柜

名称：山水顶箱柜

名称：园林风光顶箱柜

名称：顶箱柜

名称：顶箱柜

名称：园林风光顶箱柜

名称：衣柜

名称：顶箱柜

名称：清明上河图顶箱柜

名称：清明上河图顶箱柜

名称：顶箱柜

名称：顶箱柜

名称：顶箱柜

名称：顶箱柜

名称：顶箱柜

名称：顶箱柜

名称：顶箱柜

名称：顶箱柜

名称：顶箱柜

名称：顶箱柜

名称：顶箱柜

名称：顶箱柜

名称：顶箱柜

名称：顶箱柜

名称：顶箱柜

名称：顶箱柜

名称：顶箱柜

名称：顶箱柜

名称：顶箱柜

名称：顶箱柜

名称：顶箱柜

名称：顶箱柜

名称：顶箱柜

名称：顶箱柜

名称：顶箱柜

名称：顶箱柜

名称：顶箱柜

名称：顶箱柜

名称：顶箱柜

名称：顶箱柜

名称：顶箱柜

名称：顶箱柜

名称：顶箱柜

名称：顶箱柜

名称：花鸟顶箱柜

名称：顶箱柜

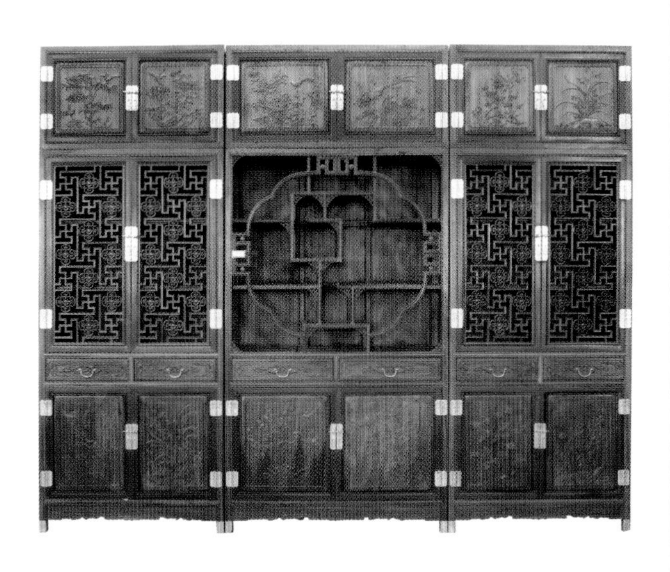

名称：顶箱柜

名称：顶箱柜

名称：顶箱柜

名称：素面顶箱柜

名称：花鸟顶箱柜

名称：花鸟顶箱柜

名称：顶箱柜

名称：雕龙顶箱柜

名称：顶箱柜

名称：顶箱柜

名称：顶箱柜

名称：顶箱柜

名称：顶箱柜

名称：顶箱柜

名称：腾龙顶箱柜

名称：雕龙顶箱柜

名称：顶箱柜

名称：顶箱柜

名称：腾龙顶箱柜

名称：顶箱柜

名称：顶箱柜

名称：顶箱柜

名称：素面顶箱柜

名称：素面顶箱柜

名称：顶箱柜

名称：顶箱柜